可爱造型小面包

蓝小霞 ◎ 主编

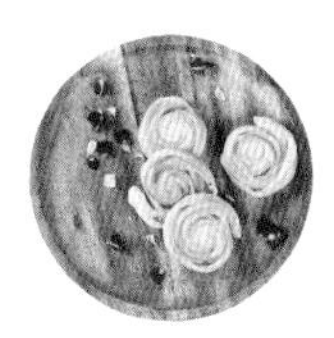

黑龙江科学技术出版社
HEILONGJIANG SCIENCE AND TECHNOLOGY PRESS

图书在版编目（CIP）数据

可爱造型小面包 / 蓝小霞主编 . -- 哈尔滨：黑龙江科学技术出版社，2017.9

ISBN 978-7-5388-9231-4

Ⅰ . ①可… Ⅱ . ①蓝… Ⅲ . ①面包－制作 Ⅳ . ① TS213.21

中国版本图书馆 CIP 数据核字 (2017) 第 087797 号

可爱造型小面包

KEAI ZAOXING XIAO MIANBAO

主　　编　蓝小霞
责任编辑　马远洋
摄影摄像　深圳市金版文化发展股份有限公司
策划编辑　深圳市金版文化发展股份有限公司
封面设计　深圳市金版文化发展股份有限公司
出　　版　黑龙江科学技术出版社
　　　　　地址：哈尔滨市南岗区公安街 70-2 号　邮编：150007
　　　　　电话：（0451）53642106　传真：（0451）53642143
　　　　　网址：www.lkcbs.cn www.lkpub.cn
发　　行　全国新华书店
印　　刷　深圳市雅佳图印刷有限公司
开　　本　723 mm × 1020 mm 1/16
印　　张　8
字　　数　17 千字
版　　次　2017 年 9 月第 1 版
印　　次　2017 年 9 月第 1 次印刷
书　　号　ISBN 978-7-5388-9231-4
定　　价　29.80 元

CONTENTS

Part 1

Part 2

可爱动物篇

Part 3

Part 4

创意生活篇

Part 5 异国风味篇

Part 1 准备篇

想要在家就能做出可爱的造型面包吗？让我们一起来看看要做什么准备吧，里面还有名师小技巧哦，一起来学学！

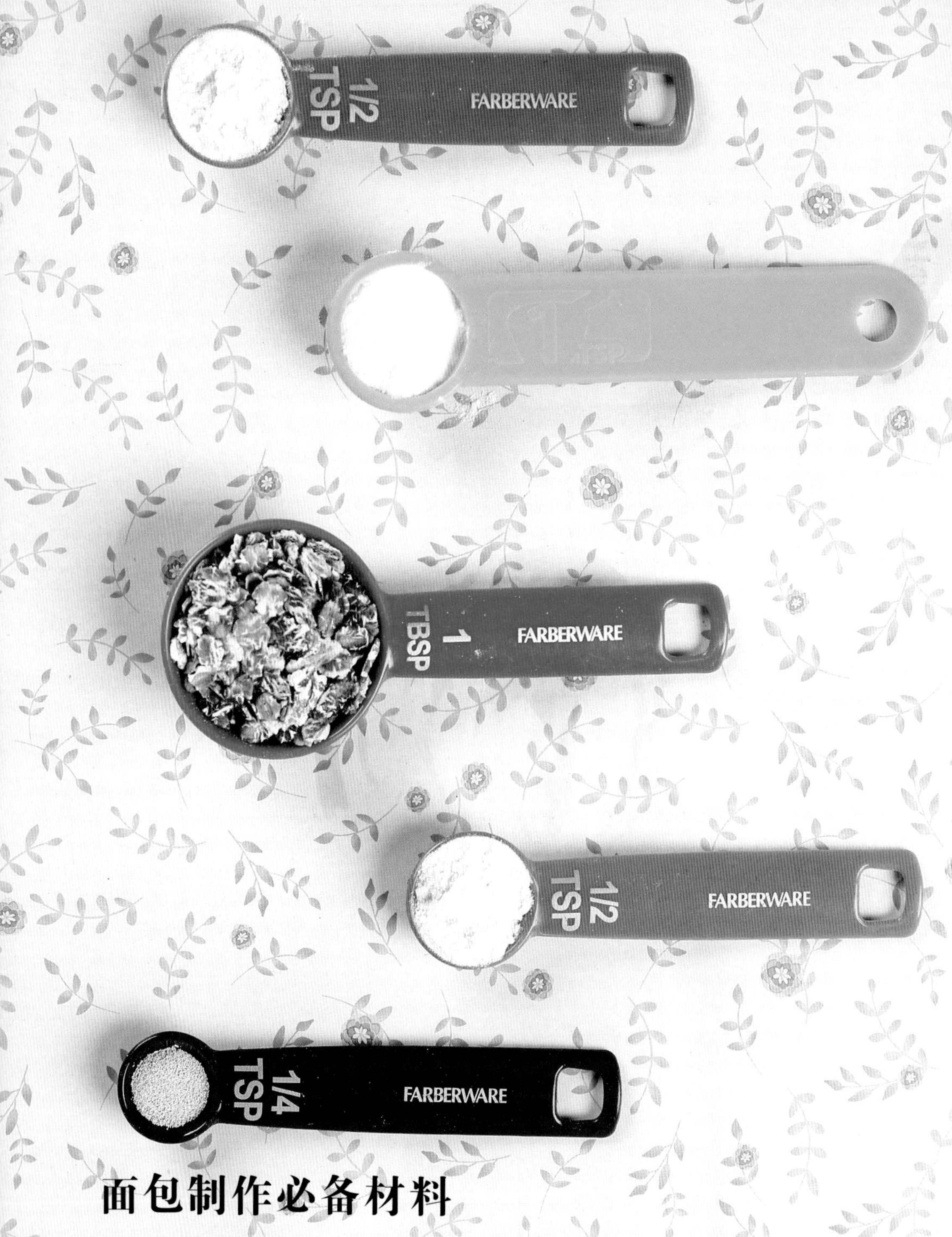

面包制作必备材料

市场上的烘焙食材多种多样，想要做出美味又可爱的造型面包，我们需要什么样的食材呢?

高筋面粉

颜色较深，本身筋度大，有黏性，用手抓不易成团，蛋白质含量在10.5%~13.5%，吸水量为65%左右，在国外被称为面包面粉。

中筋面粉

颜色为乳白色，半松散体质，筋度和黏度较均衡，蛋白质含量在8.0%~10.5%，吸水量为50%左右，市售面粉无特别说明的一般都是此类面粉。

低筋面粉

颜色较白，用手抓易成团，不易松散，蛋白质含量为6.5%~8.5%，吸水量为49%左右，适量添加在面包的制作中可以使面包的口感较松软。

无铝泡打粉

又称复合膨松剂、发泡粉或发酵粉，由小苏打粉加上其他酸性材料制成，能够通过化学反应使面包快速变得蓬松、软化，增强面包的口感。因所含化学物质较多，要避免长期食用。

全麦面粉

全麦面粉中含众多的维生素和矿物质，是欧式面包中常用的面粉，用手抓少许全麦面粉在掌心搓开，可以看到粉碎的麸皮，口感较一般面粉粗糙，是市售面粉中营养价值最高的面粉。

小苏打粉

强碱和弱碱中和后生成的酸式盐，溶于水时呈弱碱性，用在面包制作中可以使面包更加松软，在作用后会残留碳酸钠。使用过多会导致面包成品有碱味，应避免长期大量使用。

无筋面粉

又称澄面、澄粉，是从小麦中提取淀粉所制成的，黏度和透明度较高，蒸熟后晶莹剔透。少许对麸质过敏的人适合食用此类面粉制品。

玉米面粉

又称玉米淀粉，有白色和黄色两种，含有丰富的营养素，具有降血压、降血脂、抗动脉硬化、美容养颜等保健功能，也是适宜糖尿病病人食用的佳品。

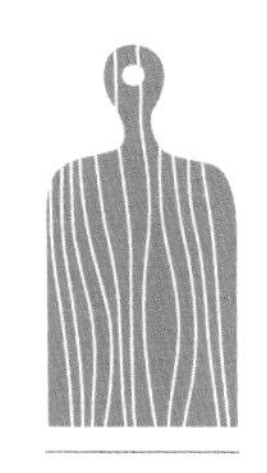

面包制作常用小工具

想要在家里做出好吃的可爱造型面包，到底要准备哪些工具呢？以下介绍几款小工具，准备好这些工具，可以让面包的制作更方便快捷呢。

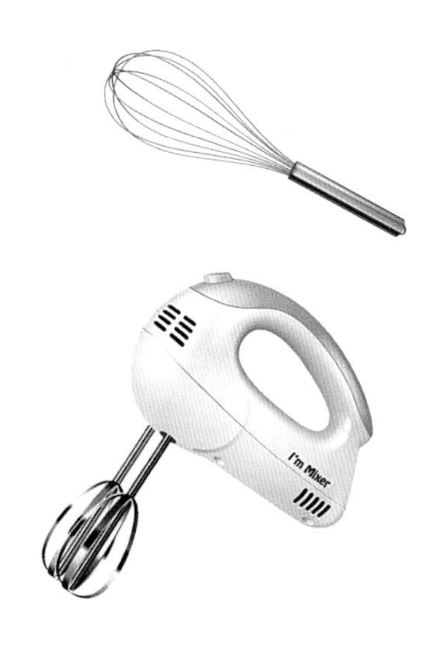

手动打蛋器

手动打蛋器适用于打发少量的黄油，或者某些不需要打发，只需要把鸡蛋、糖、油混合搅拌的环节，使用手动打蛋器会更加方便快捷。

电动打蛋器

电动打蛋器更方便省力，全蛋的打发用手动打蛋器很困难，必须使用电动打蛋器。

塑料刮板

粘在操作台上的面团可以用塑料刮板铲下来，也可以协助我们把整型好的小面团移到烤盘上去，还可以分割面团哦。

橡皮刮刀

扁平的软质刮刀，适用于搅拌面糊，在面包制作粉类和液体类混合的过程中起重要作用。在搅拌的同时，它可以紧紧贴在碗壁上，把附着在碗壁上的蛋糕糊刮得干干净净。

擀面杖

擀面杖是面团整型过程中必备的工具，无论是把面团擀圆、擀平、擀长都需要用到哦。

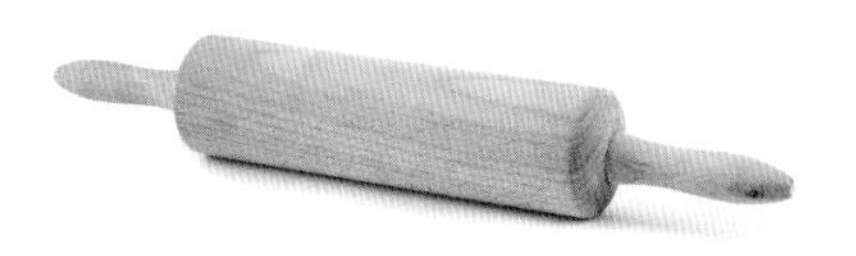

油布或油纸

烤盘需用油布或油纸垫上以防粘连。有时候在烤盘上涂油同样可以起到防粘的效果，但使用垫纸可以免去清洗烤盘的麻烦。油纸比油布价格低廉。

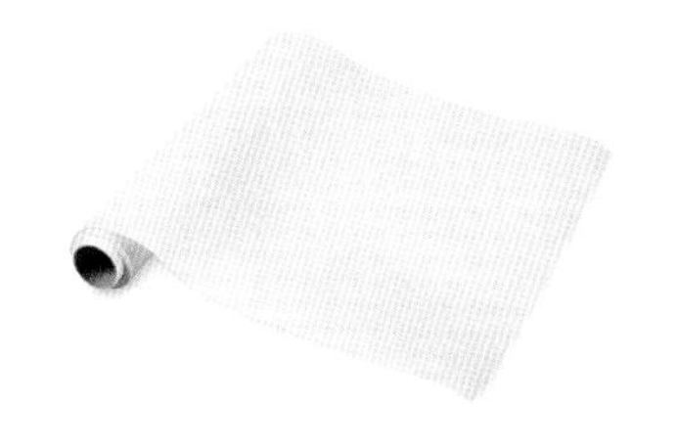

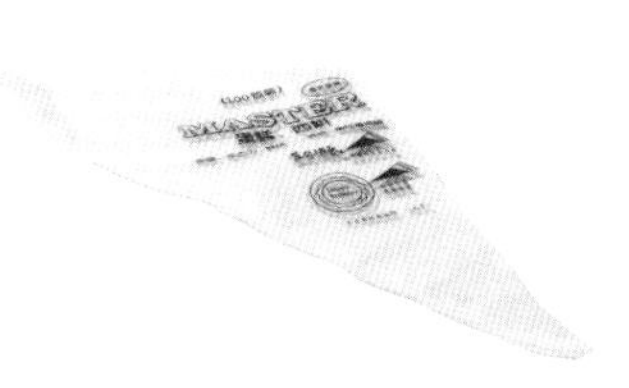

裱花袋

裱花袋可以用于挤出花色面糊，还可以用来装上巧克力液做装饰。搭配不同的裱花嘴可以挤出不同的花型，可以根据需要购买。

吐司模

如果你要制作吐司，吐司模是必备工具。家庭制作建议购买 450 克规格的吐司模。

毛刷

面包为了上色漂亮，都需要在烘烤之前在面包表层刷一层液体，毛刷在这个时候就派上用场了。

各种刀具

粗锯齿刀用来切吐司，细锯齿刀用来切蛋糕，小抹刀用来涂馅料和果酱……根据不同的需要，选购不同的刀具。

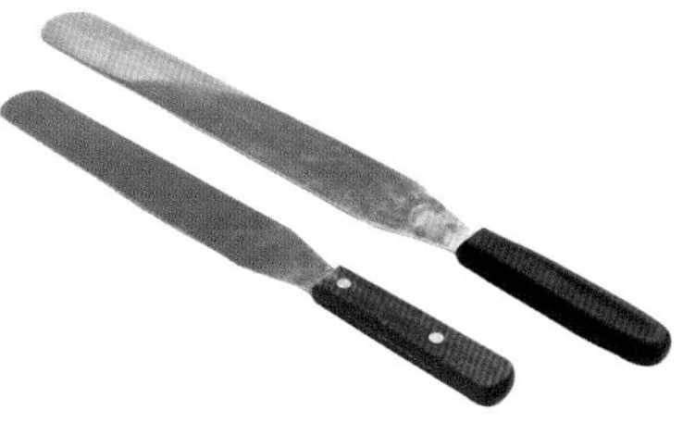

若所使用的烤箱无上、下火设置，建议采用温度平均值。制作过程中需根据自家烤箱的实际状况调节烘烤的温度和时间。

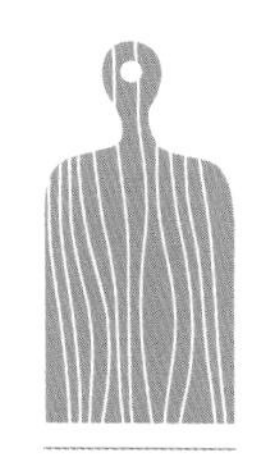

面包制作超实用小技巧

面包师傅传授的家传技巧，玩转你手中的面团！

揉面技巧：

1. 揉面的过程中，用手抓住面团的一端，另一只手按压拉长面团，再用力往外甩，重复这样的揉面动作可以使面团更快地起筋。

2. 揉面至延展阶段，即把面团揉至八成，面团的状态为慢慢拉开可以形成不易断裂的薄膜，破洞呈锯齿状，适合做普通的甜面包；在此基础上继续揉面至形成大片能印出指纹的薄膜，破洞边缘光滑，即把面团揉至了十成，适合做吐司。

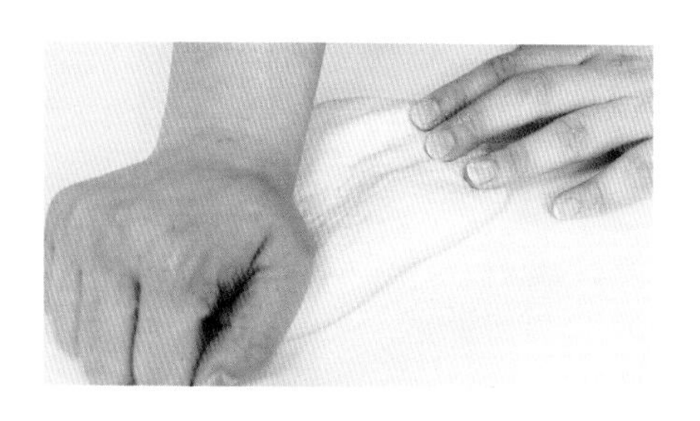

面团保存技巧：

在做面包的过程中往往会有剩余的面团没有用武之地，我们可以用保鲜膜将其包住放入冰箱冷冻，使它成为老面团，这种面团可以做麦穗面包哦！

发酵技巧：

1. 家庭中最简易的发酵是利用喷雾和湿布对面团进行发酵，这样的发酵过程除了慢，也没有什么缺点。如有条件的话可以购买一个发酵箱或有发酵功能的烤箱，这样省心也省事。

2. 发酵正常的面团，用手指蘸少许干粉在面团上戳个洞，不回缩就表示面团已经发酵好了。

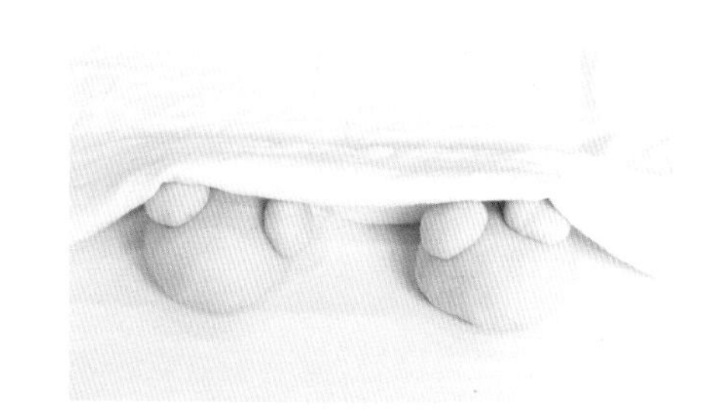

揉圆面团的技巧：

1. 对于小面团，将面团扣在手心里，用大拇指及手掌根部推动面团画圈，使其形成表面光滑的圆球。

2. 对于大面团，两手放在面团前面，将面团向自己身体方向拉，然后调转90° 重复向自己身体方向拉的动作，至面团形成表面光滑的圆球。也可以两手拢住面团向底部收。

整型技巧：

1. 在把面团擀平后，面团卷起之前，把卷起的边缘处用手指往外推压变薄，可以方便面团卷起后的收口捏合。
2. 揉圆后的面团需要盖上保鲜膜在操作台上松弛一定的时间。盖保鲜膜是为了避免在松弛的过程中面团干燥；揉圆后的面团弹性较强，延展性不足，如果强行整型，面团会很快回弹，也很容易将面团擀断，所以需要松弛。
3. 在对较湿软的面团进行整型时，可以使用适量的面包粉，用量为可满足整型要求的最少量，如果过多则会影响面包组织。

烤箱温度调整技巧：

关于烤面包的温度，书中会给出大致的参考，而实际操作的时候需要根据家庭烤箱的温度调整。如果根据书中的温度烤出来的东西焦了，说明烤箱的温度比标准温度高一些，就可以在温度上以5℃为单位向下调整；反之，东西没烤熟就说明家用的烤箱温度比较低，则应上调5℃。当然你也可以买一个烤箱温度计，更精准地控温。

搓面团的技巧：

面团放在工作台上，双手的手掌基部摁在面团上，双手同时施力，前后搓动，边搓边推。前后滚动数次后，面团向两侧延伸。搓的时候时间不必过久，出力不宜过猛，否则面团容易断裂、发黏；并保持双手的干燥，否则面团不光泽，同时会出现发黏的现象。

Part 2 可爱动物篇

可爱的小动物，用你的一双巧手就能做出来，

简单又美味哦！

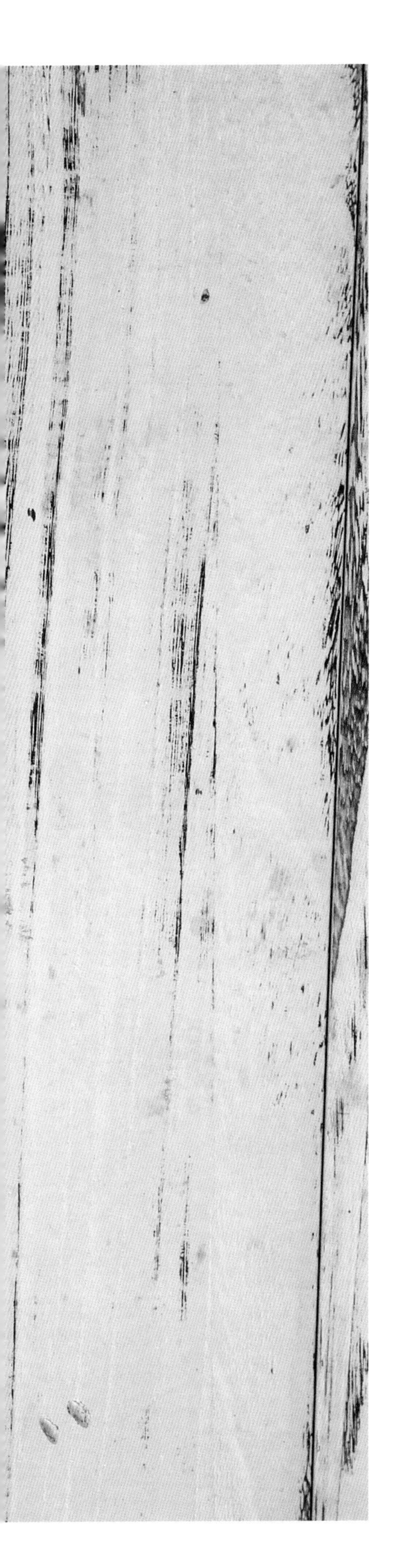

巧克力熊宝贝餐包

面包体

高筋面粉……250 克
可可粉……7 克
细砂糖……30 克
速发酵母……3 克
牛奶……150 克
盐……2 克
无盐黄油……25 克

表面装饰

蛋液……少许
黑巧克力笔……1 支

工具

28 厘米 ×28 厘米的方形活底烤模

 上火 190℃、下火 175℃ 

1. 将高筋面粉、可可粉、速发酵母、细砂糖放入盆中，用手动打蛋器搅散。
2. 分次加入牛奶，揉搓成柔软的面团。
3. 将室温软化的无盐黄油加入。
4. 加入盐，揉搓混合均匀。
5. 抓住面团的一角，将面团朝桌子上用力甩打，然后对折再转 90° 甩至桌面，重复此动作至面团光滑即可。
6. 将面团揉圆放入盆中，喷上少许水，盖上湿布松弛 20~25 分钟。
7. 面团切出 50 克留作小熊耳朵备用，把其余面团分割成九等份，分别揉圆。
8. 小面团间隔整齐地放入方形烤模中，面团表面喷些水，盖上湿布，发酵 40~50 分钟至两倍大。
9. 把切下来的 50 克面团分成十八等份，将耳朵面团黏附在每一个小面团上方，并在面团表面刷上少许蛋液。

⑩ 将方形烤模放进烤箱烤 30 分钟。

⑪ 取出散热冷却后脱模。

⑫ 用黑巧克力笔挤上眼睛和嘴巴作装饰即完成。

TIPS

1. 面包出炉的时候，在桌面上轻震，可以防止面包坍陷。

2. 还可以发挥自己的想象力在面包上做其他装饰。

双色熊面包圈

可可面团

高筋面粉……250 克

细砂糖……50 克

可可粉……15 克

奶粉……7 克

速发酵母……2 克

水……125 克

鸡蛋……25 克

无盐黄油……25 克

盐……2 克

原味面团

高筋面粉……250 克

细砂糖……50 克

奶粉……7 克

速发酵母……2 克

水……125 克

鸡蛋……25 克

无盐黄油……25 克

盐……2 克

表面装饰

黑巧克力笔

工具

直径 15 厘米中空烤模

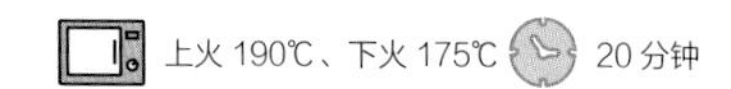

可可面团：

❶ 准备一个大盆，倒入高筋面粉、细砂糖、奶粉、速发酵母、可可粉。

❷ 用手动打蛋器把材料拌匀。

❸ 加入鸡蛋和水，用橡皮刮刀慢慢混合均匀。

❹ 取出放在操作台上，用手将面团用力甩打，一直重复此动作到面团光滑。

❺ 加入无盐黄油和盐，揉至无盐黄油和盐完全被吸收。

❻ 用喷雾器喷上水，盖保鲜膜或湿布静置松弛约 30 分钟。

原味面团：

用原味面团的材料，按可可面团步骤做出面团。

❼ 从原味面团分出 3 个 45 克和 6 个 8 克的小面团搓圆，从可可面团中分出 3 个 45 克和 6 个 8 克的小面团搓圆，分别作为黑熊和白熊的头部。

❽ 把 45 克揉圆了的黑白面团间隔着放入中空模具中。

❾ 盖上湿布发酵约 60 分钟至两倍大。

⑩ 分别放上黑熊和白熊的耳朵。

⑪ 烤箱预热上火 190℃、下火 175℃，烤约 20 分钟至表面上色即可出炉，脱模凉凉。

⑫ 用黑巧克力笔画上小熊的鼻子和眼睛。

TIPS

除了可以用巧克力笔装饰外，还可以将熔化的巧克力液装入裱花袋中，剪一个小口对小熊进行装饰，相对浓度较高的巧克力可以更快地凝固，不易变形。

羊咩咩酥皮面包

● 面包体 ●

高筋面粉……270 克
低筋面粉……30 克
速发酵母……12 克
牛奶……110 克
水……55 克
鸡蛋……50 克
细砂糖……30 克
无盐黄油……30 克
盐……2 克

● 表面装饰 ●

酥皮……适量
蛋液……少许
南瓜籽……适量
黑芝麻……适量

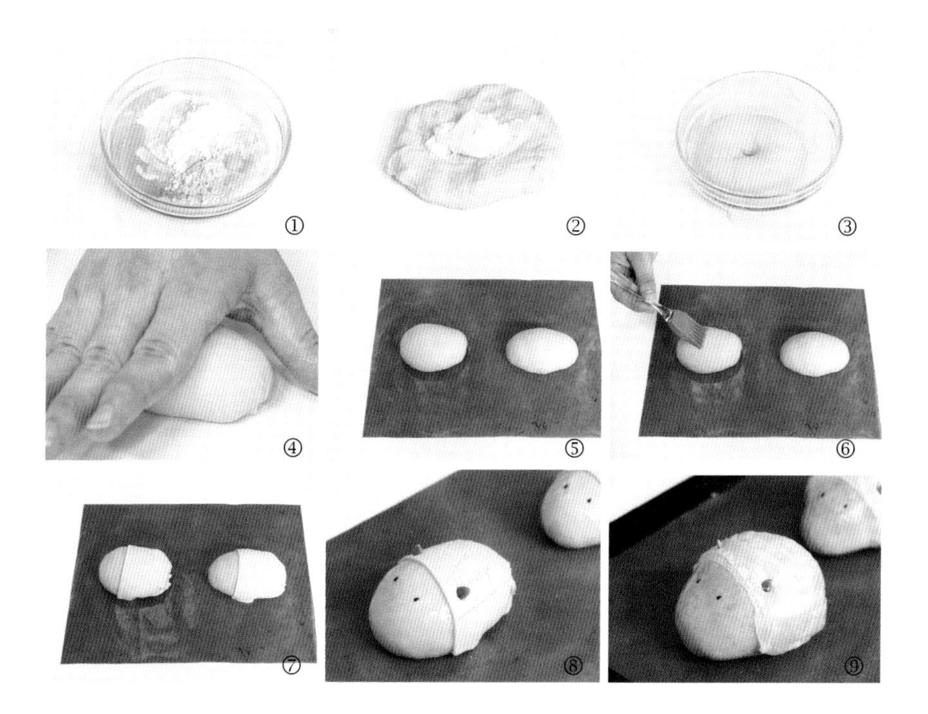

上火 180℃、下火 170℃ 17 分钟

1. 将所有粉类材料（除盐外）放入盆中搅匀，分次加入水、牛奶、鸡蛋搅匀成团。
2. 取出面团放在操作台上，加入无盐黄油和盐，慢慢混合均匀。用手抓住面团的一角，将面团向桌子上用力甩打，重复此动作至面团光滑。
3. 将面团揉圆放入盆中，包上保鲜膜松弛 30 分钟。
4. 取出面团，将面团平均分成六等份，把面团的光滑面翻折出来，收口捏紧搓成椭圆形。
5. 放在高温油布上，面团表面喷水，盖上湿布或保鲜膜，发酵 45 分钟至两倍大，同时烤箱预热上火 180℃、下火 170℃。
6. 在发酵好的面团表面刷上少许蛋液。
7. 取酥皮，用剪刀修成适合面团表面大小的形状，盖在面团的三分之二处，底部和尾部收口捏紧。
8. 南瓜籽插入涂抹蛋液的酥皮中，装饰成耳朵；黑芝麻沾少许蛋液，装饰成眼睛。
9. 放入烤箱烤约 17 分钟至表面金黄色，出炉即可。

大嘴巴青蛙汉堡

面包体

高筋面粉……220 克

低筋面粉……30 克

细砂糖……20 克

速发酵母……3 克

鸡蛋……50 克

水……95 克

无盐黄油……20 克

盐……2 克

表面装饰

黑巧克力笔……适量

火腿……适量

生菜……适量

芝士片……适量

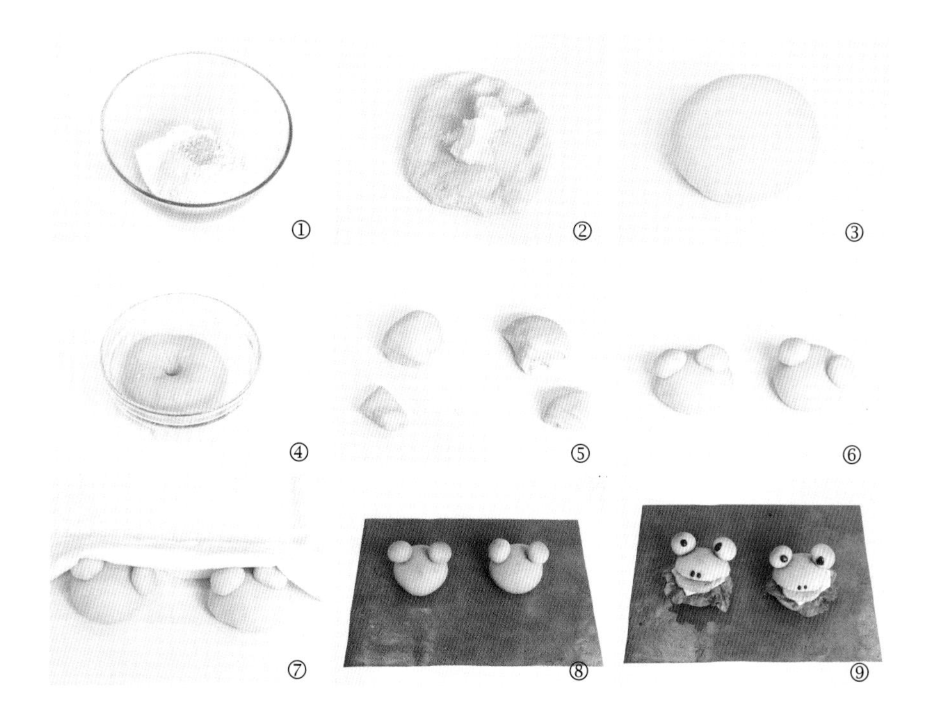

上火 175℃、下火 160℃ 15~18 分钟

1. 准备一个大盆，倒入高筋面粉、低筋面粉和速发酵母，搅匀。
2. 加入鸡蛋、水、细砂糖，拌匀成无粉粒状态又不粘手的面团后，加入无盐黄油和盐，继续揉面团至延展状态。
3. 将面团放在工作台上，用力甩打，一直重复此动作到面团光滑，揉圆。
4. 收口捏紧朝下放入盆中，包上保鲜膜松弛约 30 分钟。
5. 取出松弛好的面团，排出空气，先平均分割成两等份的大圆球，其中一等份再分成 4 小圆球当眼睛，面团分别揉圆。
6. 将小圆球插入牙签，分别戳入大圆球上方，做成青蛙的眼睛。
7. 在面团表面喷水，盖上湿布发酵 40 分钟至两倍大。
8. 烤箱预热上火 175℃、下火 160℃，进烤箱烤 15~18 分钟。等待烘烤的同时，先将黑巧克力隔水加热后，装入裱花袋。
9. 取出烤好的面包，将底部切半，塞入火腿、生菜、芝士片，最后用上一步骤的巧克力画出青蛙的眼睛和鼻孔。

小小蜗牛卷

材料

中筋面粉……330 克
细砂糖……50 克
速发酵母……3.5 克
牛奶……90 克
水……35 克
鸡蛋……50 克
无盐黄油……50 克
盐……2 克
椒盐……适量
黑糖……适量

上火 180℃、下火 180℃ 13 分钟

1. 将水、牛奶、细砂糖、盐、鸡蛋放入盆中搅散，再倒入中筋面粉及速发酵母搅拌后，放入无盐黄油揉成团。
2. 将面团倒在操作台上，用力甩打，一直重复此动作到面团光滑。
3. 将面团光滑面朝上，边缘向里折，并揉圆，收口捏紧朝下放入盆中，盖上湿布或保鲜膜，松弛约 35 分钟。
4. 将松弛好的面团取出后擀成长圆形的面皮。
5. 用刷子刷上少许熔化好的无盐黄油。
6. 撒上椒盐和黑糖，再紧紧卷起，做成长条状。
7. 用刀切成九等份。
8. 将面团放在油布上，发酵约 30 分钟；同时将烤箱预热 180℃。
9. 将面团连同油布放在烤盘上，入烤箱中层烤约 13 分钟后出炉。

天鹅泡芙

泡芙体

中筋面粉……60 克

细砂糖……10 克

蛋液……125 克

水……45 克

牛奶……45 克

无盐黄油……40 克

盐……2 克

表面装饰

甜奶油……100 克

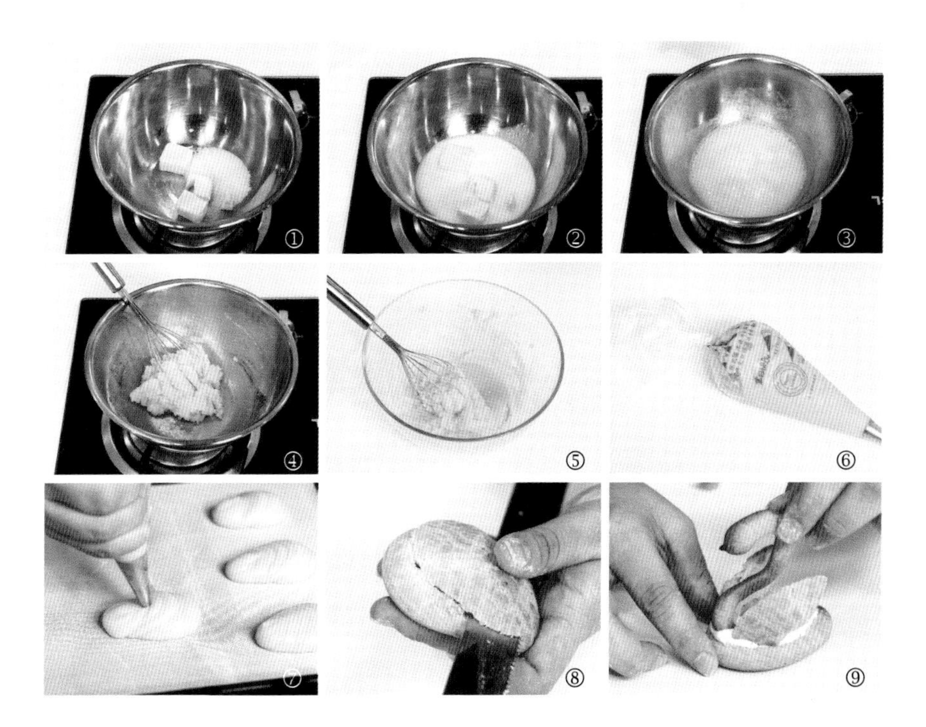

上火 180℃、下火 160℃ 18 分钟

❶ 把无盐黄油和细砂糖放入锅中。

❷ 倒入水和牛奶。

❸ 煮至无盐黄油和糖熔化，锅边冒小气泡。

❹ 转小火，加入过筛的中筋面粉，用手动打蛋器迅速搅拌。

❺ 倒在大碗中，凉至面糊不烫手后，分次加入蛋液搅拌至蛋液完全被吸收。

❻ 将面糊装入套了小平口花嘴的裱花袋中。

❼ 在铺了油布的烤盘上挤出天鹅脖子的形状，放入预热至 180℃的烤箱中烤至上色取出，再挤出天鹅的身体形状，烤约 18 分钟后出炉。

❽ 甜奶油打发装入裱花袋中，天鹅的身体用剪刀剪出一双翅膀，拼接上脖子。

❾ 在天鹅的身体上挤上甜奶油即可。

Part 3 活力果蔬篇

果蔬搭配面包，营养又健康！

芝心番茄面包

面包体

高筋面粉……140 克
细砂糖……25 克
速发酵母……2 克
奶粉……5 克
水……42 克
番茄酱……35 克
鸡蛋……15 克
无盐黄油……10 克
盐……1 克

内馅

芝士酱……适量

表面装饰

迷迭香草……适量

 上火 170℃、下火 150℃  13~15 分钟

1. 准备一个大盆，把高筋面粉过筛后放入大盆中。
2. 加入细砂糖、奶粉、速发酵母。
3. 用手动打蛋器搅散。
4. 加入水、鸡蛋和番茄酱，用橡皮刮刀拌匀成团。
5. 取出面团放在操作台上，用手将面团用力甩打，一直重复此动作至不粘手状态。
6. 加入盐和无盐黄油，揉匀混合至无盐黄油完全被面团吸收、面团表面光滑。
7. 把面团搓圆放入碗中，盖上保鲜膜或湿布静置松弛 15~20 分钟。
8. 将面团分成五等份，并揉圆。
9. 按压面团呈饼状，包入一勺芝士酱。

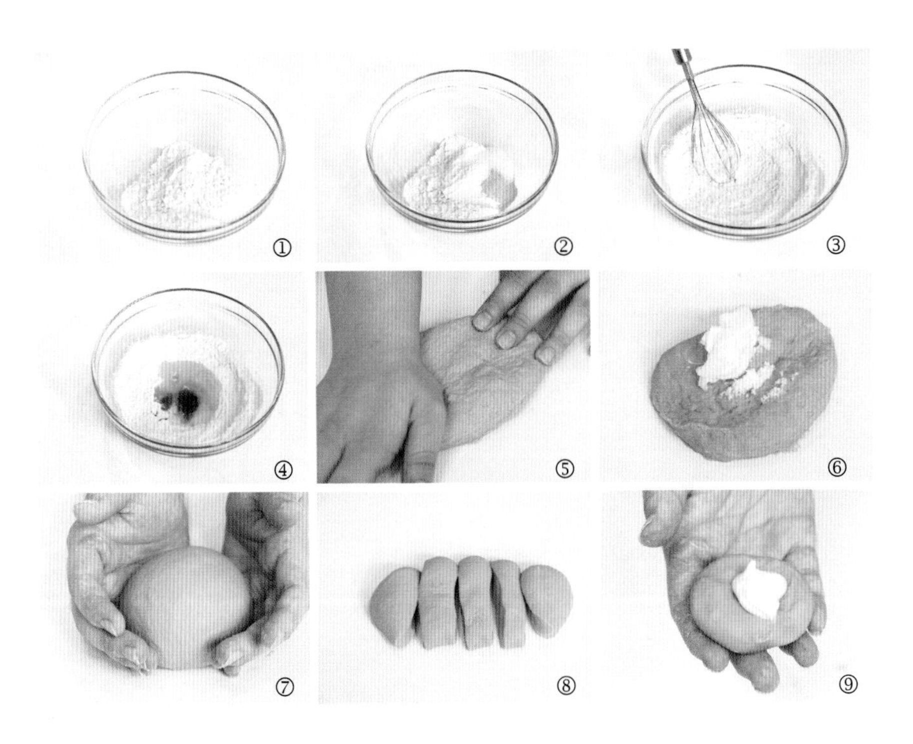

⑩ 捏紧收口，搓圆。

⑪ 准备一个烤模，放上烘焙纸杯，把面团放入纸杯中,盖上湿布发酵约40分钟,至面团呈两倍大。

⑫ 待发酵完后，轻轻在面团表面刷上少许蛋液。

⑬ 加上少许迷迭香草作装饰。

⑭ 放入已预热180℃的烤箱，烤13~15分钟出炉。

TIPS

1. 粉类材料混合，中间挖洞再加入液体类材料，可以使材料更好更快地混匀成面团。

2. 面团放在纸杯上烤可以防黏附，使面包更好脱模。

3. 除了可以添加番茄酱，也可以换成其他自己喜欢的果酱哦。

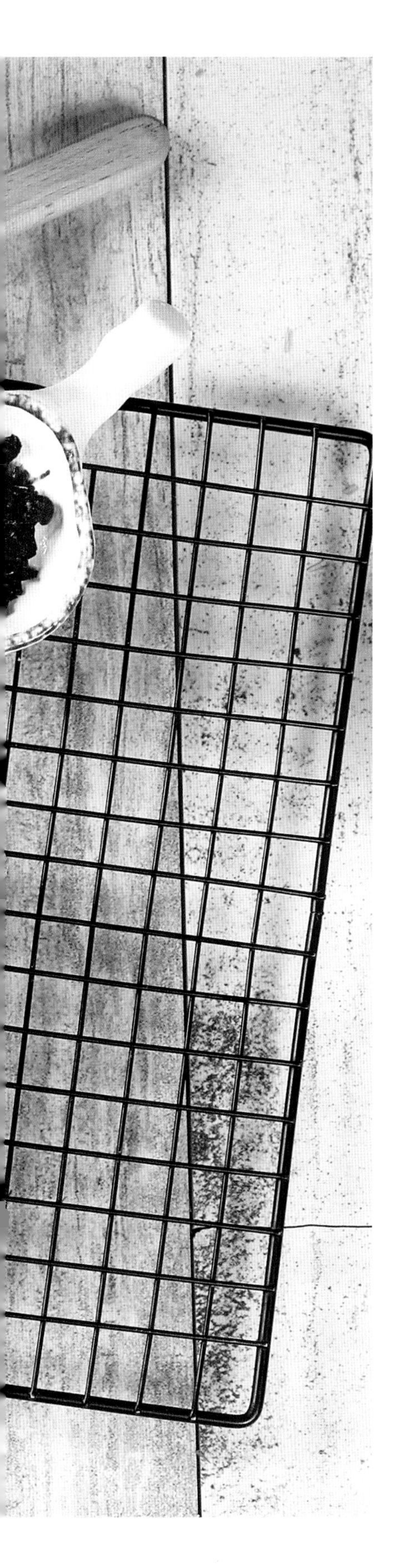

全麦酸奶水果面包

面包体

高筋面粉……250 克

全麦粉……50 克

细砂糖……5 克

速发酵母……3 克

酸奶……50 克

水……150 克

无盐黄油……100 克

盐……3 克

内陷

核桃……100 克

蔓越莓干……50 克

蓝莓干……50 克

无盐黄油……适量

（打发装入裱花袋中备用）

表面装饰

糖粉……适量

上火 200℃、下火 200℃ 25 分钟

1. 大盆中加入高筋面粉、全麦粉。
2. 加入速发酵母、细砂糖。
3. 用手动打蛋器搅拌均匀。
4. 加入酸奶、水，用橡皮刮刀搅拌均匀。
5. 取出放在操作台上，用手将面团用力甩打，一直重复此动作到面团光滑，加入无盐黄油和盐，继续揉至能撕出薄膜的状态。
6. 面团压扁，包入除无盐黄油外的内馅材料，揉均匀。
7. 面团揉圆，放入大碗中，盖上湿布或保鲜膜静置松弛约 30 分钟。
8. 用刮板把面团分成两半，并揉圆。
9. 分别擀成长圆形，并挤上打发的无盐黄油。

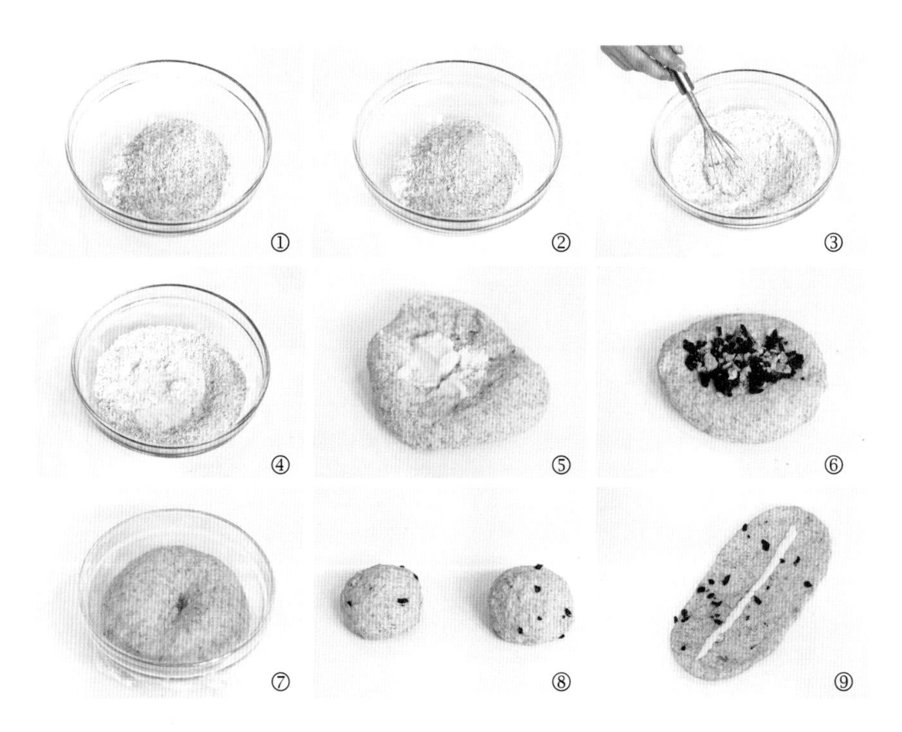

⑩ 分别对折，在接口处剪出锯齿形。

⑪ 分别卷成圆圈，形成两个星星的形状。

⑫ 放在铺了油布的烤盘上，用喷雾器喷上水，盖上湿布静置发酵约 40 分钟，至面团两倍大。

⑬ 放入预热 200℃的烤箱中烤约 25 分钟至表面上色即可出炉。

⑭ 撒上少许糖粉装饰即可。

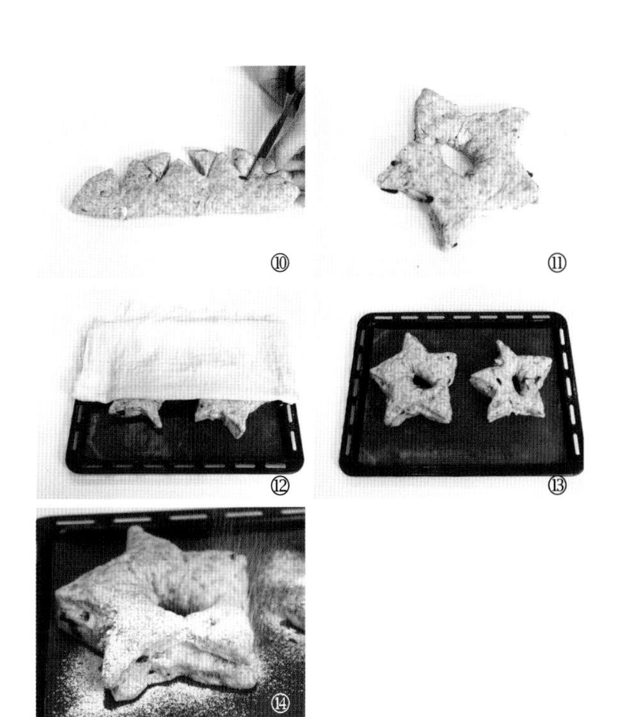

TIPS

可以在面包进烤箱烤前刷上少许蛋液，使面包表面看起来更富有色泽，更诱人。

胡萝卜司康

面包体

中筋面粉……125 克

泡打粉……5 克

蔓越莓干……30 克

胡萝卜丝……30 克

黑糖……20 克

鸡蛋……25 克

牛奶……30 克

无盐黄油……33 克

盐……1 克

表面装饰

糖粉……适量

上火 180℃、下火 175℃ 15 分钟

1. 蔓越莓干用热水泡 15 分钟，沥干水分，备用。
2. 将鸡蛋、牛奶混合成蛋奶液，备用。
3. 准备一个大盆，把中筋面粉、泡打粉放入盆中。
4. 加入盐、黑糖和无盐黄油，迅速揉搓混合至无盐黄油完全被面团吸收为止。
5. 接着倒入蛋奶液，轻轻拌匀。
6. 加入蔓越莓干和胡萝卜丝，轻轻拌匀成团。
7. 把面团取出放在操作台上，将面团整形成厚约 2 厘米的圆饼状，用刮刀分割成八等份的三角形，放在油布上。
8. 烤箱预热上火 180℃、下火 175℃，进烤箱烤约 15 分钟至表面上色，取出。
9. 撒上少许糖粉即可。

毛毛虫果干面包

面包体

高筋面粉……250 克
细砂糖……50 克
奶粉……7 克
速发酵母……2 克
水……125 克
鸡蛋……25 克
无盐黄油……25 克
盐……2 克

内馅

葡萄干……适量
核桃碎……适量
芝士酱……适量

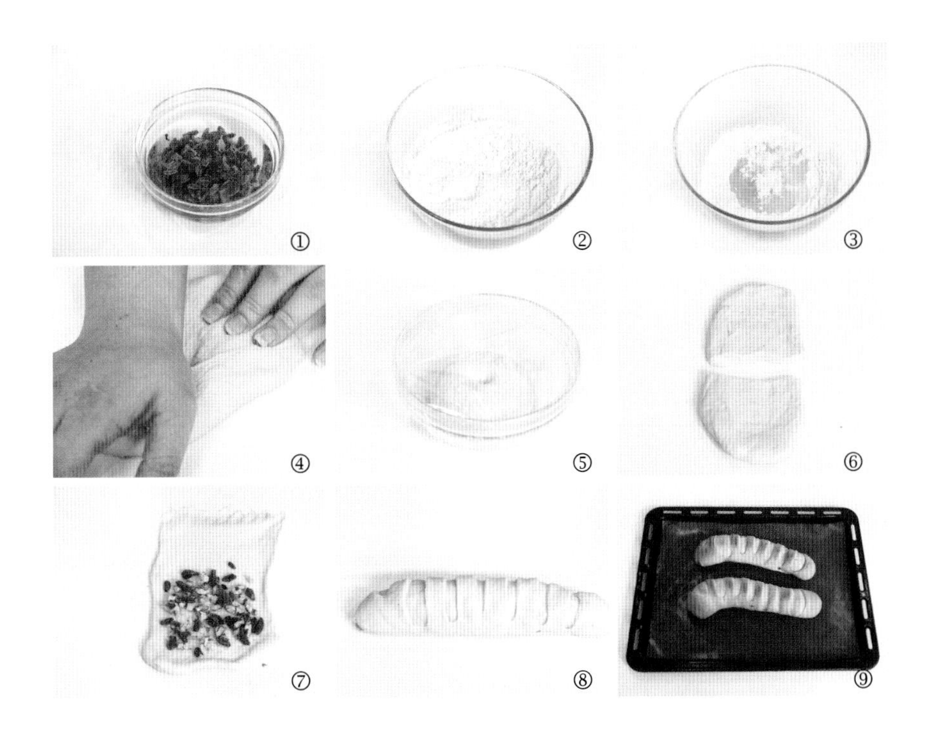

上火 170℃、下火 150℃ 18 分钟

1. 葡萄干放温水中泡软，备用。
2. 准备一个大盆，把高筋面粉倒进去，加入细砂糖、奶粉、速发酵母，用手动打蛋器把材料拌匀。
3. 加入鸡蛋和水，用橡皮刮刀慢慢混合均匀。
4. 取出面团放在操作台上，用手将面团用力甩打，一直重复此动作直到面团光滑，加入无盐黄油和盐。
5. 揉至无盐黄油和盐完全吸收，用喷雾器喷上水，盖保鲜膜或湿布静置松弛约 25 分钟。
6. 取出松弛好的面团，将面团擀成长圆形，用刮板分成两半。
7. 在面团上半部分均匀地铺撒上葡萄干和核桃碎，刮板切开的截面用手指往外推压变薄。
8. 用小刀在面团的下半部分平均切上几刀，用手把面团卷起成毛毛虫的形状，在凹陷处挤上适量芝士酱。盖上湿布发酵约 40 分钟至两倍大。
9. 放在烤盘上，放入已预热 200℃的烤箱中层烤约 18 分钟至表面上色。

圣诞面包圈

面包体

高筋面粉……200 克
速发酵母……2 克
细砂糖……20 克
盐……2 克
大豆油……15 克
水……100 克
无盐黄油……20 克

表面装饰

蛋液……少许
蔓越莓干……适量
葡萄干……适量
核桃碎……适量
糖粉……适量

上火 200℃、下火 200℃ 20 分钟

1. 准备一个大碗，放入高筋面粉。
2. 放入细砂糖。
3. 放入速发酵母和盐。
4. 用手动打蛋器搅拌均匀。
5. 加入大豆油。
6. 加入水，用橡皮刮刀拌匀成面团状。
7. 将面团放在操作台上，用手将面团用力甩打，一直重复此动作至面团光滑。
8. 在面团中加入无盐黄油，并揉至无盐黄油完全吸收。
9. 面团揉圆后，放入大碗中，盖上湿布或保鲜膜静置松弛约 25 分钟。

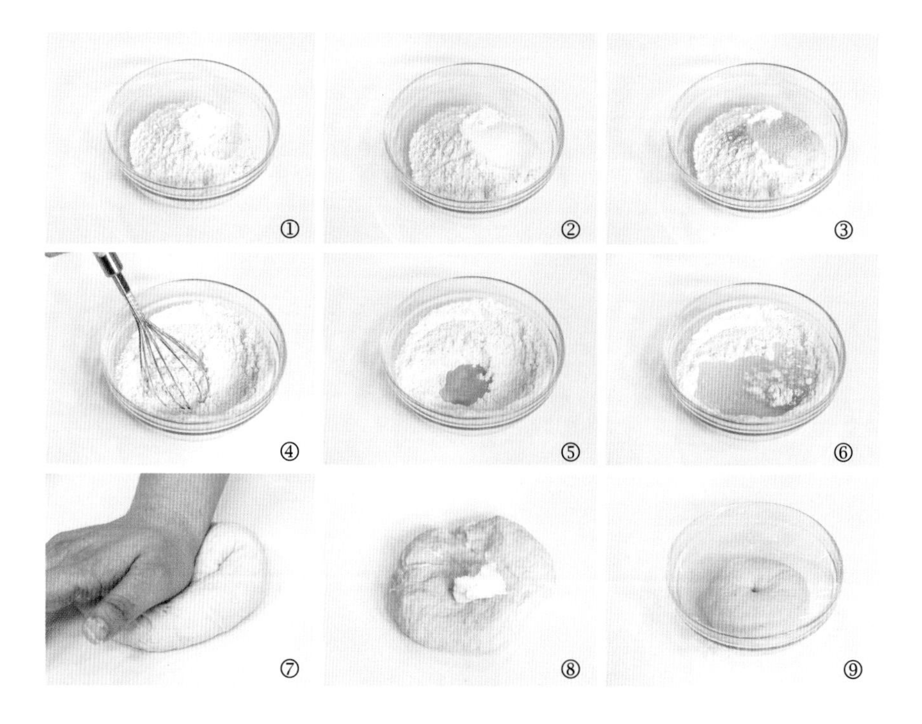

⑩ 用刮板把面团分成三等份。

⑪ 分别把面团擀长，卷起搓成长条。

⑫ 用编辫子的方法把长形面团编成辫子的形状。

⑬ 放入中空模具中，盖上湿布发酵约 45 分钟至面团呈两倍大。

⑭ 刷上少许蛋液，撒上蔓越莓干、葡萄干和核桃碎，再刷上一层蛋液。

⑮ 放入预热至 200℃的烤箱中烤约 20 分钟，至表面上色，出炉凉凉脱模，撒上少许糖粉即可。

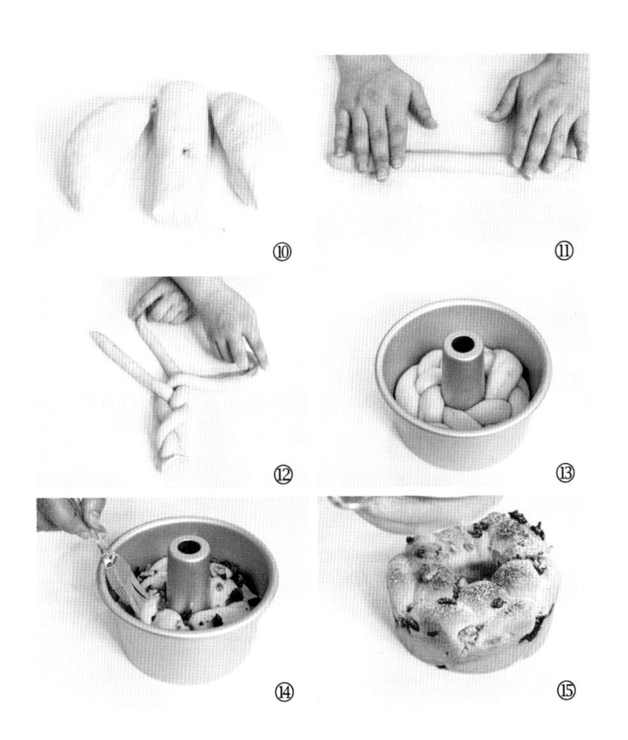

TIPS

1. 面团整型时如果有点粘手，可以撒上少许手粉（高筋面粉）。
2. 撒在面包表面的果干可以用自己喜欢的酒或者温水泡软，这样烤出来的果干不会发干和发硬。

栗子小面包

面包体

高筋面粉……250 克

全麦面粉……50 克

细砂糖……20 克

盐……20 克

橄榄油……15 克

鸡蛋……50 克

水……50 克

速发酵母……4 克

无盐黄油……25 克

内馅

去皮栗子……100 克

表面装饰

蛋液……适量

熟白芝麻……适量

做法

上火 180℃、下火 160℃  20 分钟

1. 栗子用刀切碎。
2. 放入预热 180℃的烤箱中烤约 15 分钟至熟。
3. 准备一个大碗，放入高筋面粉、全麦面粉、细砂糖和速发酵母，用手动打蛋器拌匀。
4. 加入鸡蛋、水、橄榄油，拌匀。
5. 取出放在操作台上，用手将面团用力甩打，一直重复此动作至面团光滑，再加入无盐黄油和盐，揉至无盐黄油和盐完全被面团吸收。
6. 揉圆放入大碗中，用喷雾器喷上清水，盖保鲜膜或湿布静置松弛约 25 分钟。
7. 按压成圆饼状，加入烤好的栗子，揉搓均匀。
8. 用刮板分成四等份。
9. 用手把面团分别搓圆。

⑩ 用手压住面团的下半部分，稍搓几下。

⑪ 喷上少许清水，盖上湿布发酵约 50 分钟。

⑫ 把面团放置在油布上，在大头一端刷上少许蛋液，沾上芝麻。

⑬ 烤箱预热上火 180℃、下火 160℃，烤约 20 分钟至表面金黄色。

TIPS

1. 所用的黄油必须是经室温软化后的哦。

2. 如果面包烤了 20 分钟后表面依旧没有上色，可以适当增加烘烤的时间，或者在进烤箱前刷上一层蛋液，帮助面包上色。

炸泡菜面包

面包体

高筋面粉……150 克
速发酵母……1.5 克
细砂糖……10 克
水……58 克
鸡蛋……22 克
无盐黄油……10 克
盐……1 克
泡菜……适量

表面装饰

面包糠……适量
食用油……适量

1. 准备一个大碗，倒入高筋面粉、细砂糖、速发酵母，搅匀。
2. 加入水和鸡蛋。
3. 用橡皮刮刀拌匀成团。
4. 取出放在操作台上，用手将面团用力甩打，一直重复此动作到面团光滑。
5. 加入无盐黄油和盐，揉至面团光滑，盖上湿布静置松弛 15~20 分钟。
6. 取出面团，分成三等份，用手把面团揉圆。
7. 面团压扁，包入适量泡菜，收口捏紧，揉圆。
8. 面团表面刷上少许蛋液，沾上面包糠，静置发酵约 30 分钟。
9. 锅中倒入油，烧至八成热。

⑩ 放入面包慢火炸至金黄色。

⑪ 捞出放在网架上凉凉即可。

TIPS

锅中必须要烧干水才能倒入油，否则高温的油会溅出来伤害到你。

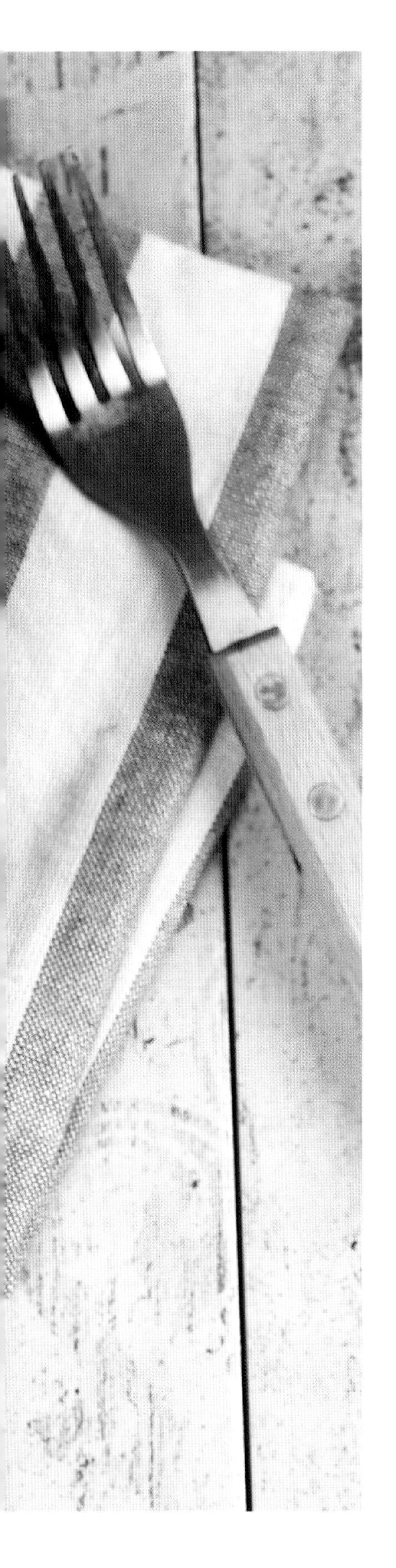

玫瑰苹果卷

材料

苹果……1 个

细砂糖……40 克

水……250 克

柠檬汁……15 克

无盐黄油……15 克

低筋面粉……50 克

 上火 170℃、下火 150℃  25 分钟

1. 将一个苹果切薄片。
2. 锅内倒入水、柠檬汁和细砂糖煮开。
3. 再放入切好的苹果片，煮 10 秒左右至苹果片变软。
4. 煮好的苹果片捞出，放在网架上凉凉待用。
5. 称量出 25 克煮苹果的水。
6. 准备一个大碗，倒入低筋面粉。
7. 加入室温软化的无盐黄油。
8. 搅拌至无盐黄油融入面粉中。
9. 再倒入称出来的苹果水。

⑩ 用手将面粉揉成面团。

⑪ 揉好的面团擀开呈长圆形。

⑫ 用刀切出长 25 厘米、宽 1.5 厘米的长条。

⑬ 将苹果片一片一片地叠在面皮上。

⑭ 卷起放入烘焙小纸杯中。

⑮ 烤箱预热上火 170℃、下火 150℃，放入苹果卷烤约 25 分钟。

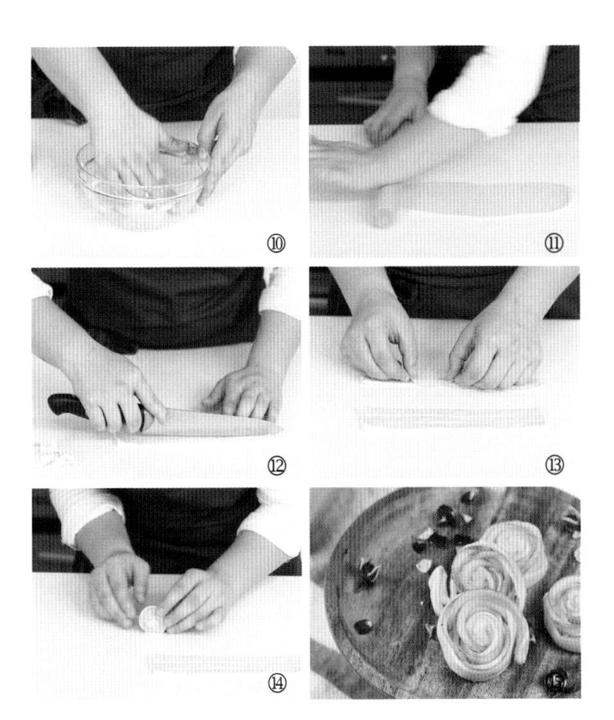

TIPS

1. 苹果切片时尽量切薄一些，方便整型。

2. 擀平面团时尽量擀薄一些，薄面团搭配苹果片，会有更浓郁的苹果香味。

3. 这款面包适合当下午茶，搭配一杯花茶、一本书，给你一段满心喜悦的悠然午后时光。

蓝莓方格面包

材料

高筋面粉……250 克
可可粉……15 克
奶粉……7 克
酵母……2 克
牛奶……125 克
鸡蛋……25 克
无盐黄油……25 克
盐……2 克

装饰材料

糖粉……适量

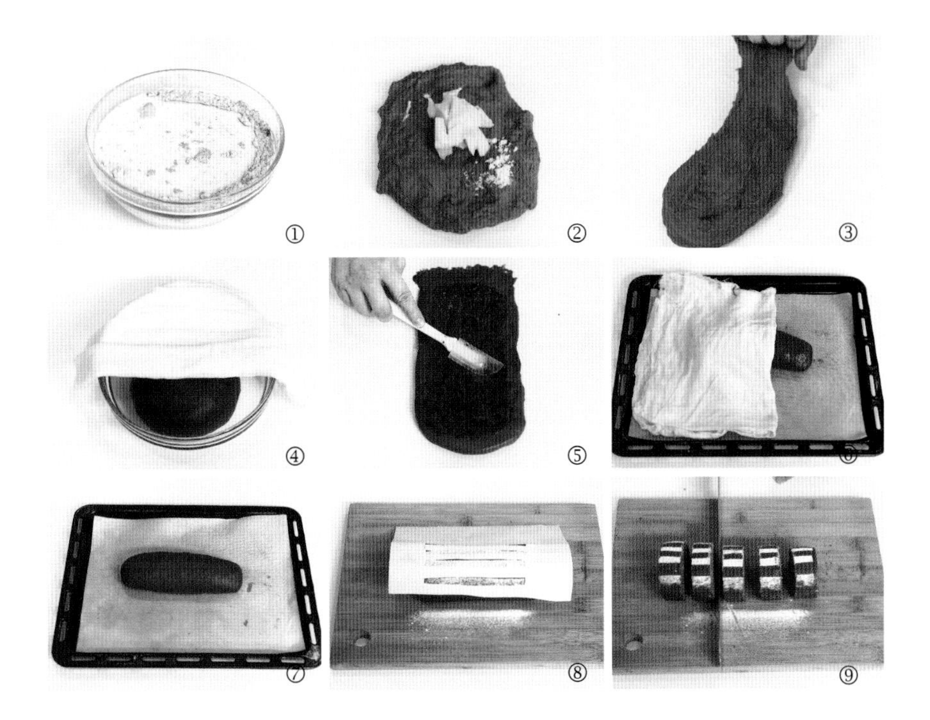

上下火 180℃　18 分钟

1. 将除无盐黄油、盐和牛奶外的材料放入盆中，用手动打蛋器搅散，分次加入牛奶，用橡皮刮刀拌匀成团。
2. 加入盐和无盐黄油，用手揉面至盐和无盐黄油完全被吸收。
3. 取出面团放在操作台上，用手抓住面团的一角，将面团用力甩打，一直重复此动作到面团光滑。
4. 收口捏紧朝下放入盆中，盖上湿布松弛约 20 分钟。
5. 用擀面杖把松弛好的面团擀成长圆形，下方用手指往外推压变薄，用橡皮刮刀刷上一层蓝莓果酱，卷起，两旁捏紧收口。
6. 放在铺了油纸的烤盘上，用喷雾喷上水，盖上湿布静置发酵约 45 分钟。
7. 放入预热 180℃的烤箱中烤约 18 分钟。
8. 取一张干净的白纸，剪出平行且大小一致的长方形，盖在面团表面，撒上糖粉。
9. 去掉白纸，用刀切成等份即可。

Part

4 创意生活篇

这里有适合节庆日做的小面包，有适合派对场合的小面包，更有能和亲朋好友表达爱心的面包……

芝味棒

面包体

高筋面粉……130 克

速发酵母……2 克

细砂糖……15 克

水……65 克

鸡蛋……12 克

无盐黄油……10 克

盐……1 克

表面装饰

马苏里拉芝士碎……适量

日式沙拉酱……适量

黑芝麻……适量

做法

上火 180℃、下火 150℃ 13~15 分钟

1. 准备 1 个大碗，将筛好的高筋面粉放进去。
2. 放入速发酵母和细砂糖，用手动打蛋器搅匀。
3. 放入水和鸡蛋，用橡皮刮刀搅匀成团。
4. 取出面团放在操作台上，用力甩打，一直重复此动作至面团光滑，包入盐和无盐黄油。
5. 继续揉面团至面团光滑，揉圆成团，放入盆中盖上保鲜膜松弛 20 分钟。
6. 把面团分割成两等份，将面团用擀面杖擀平拉横，由上向下卷起。
7. 放在油布上，盖上湿布发酵 50 分钟至面团呈两倍大。
8. 在发酵好的面团表面挤上沙拉酱。
9. 撒上芝士碎和黑芝麻，放入已预热 180℃的烤箱中，烤 13~15 分钟。

多彩糖果甜甜圈

面包体

低筋面粉……160 克

泡打粉……8 克

细砂糖……65 克

鸡蛋……100 克

蜂蜜……15 克

牛奶……80 克

无盐黄油……35 克

盐……2 克

表面装饰

黑巧克力砖……50 克

彩色糖粒……适量

糖粉……适量

1. 把鸡蛋、细砂糖、盐放入大盆中。
2. 用电动打蛋器打发至浓稠状。
3. 加入泡打粉和过筛的低筋面粉，用橡皮刮刀轻轻拌匀。
4. 将蜂蜜、牛奶和无盐黄油一同隔水熔化，加入少许步骤 3 的面糊拌匀，再倒回大盆内。
5. 用手动打蛋器混合均匀。
6. 将拌好的面糊装入裱花袋中。
7. 再挤入烤模中至八分满。
8. 烤箱预热 180℃，放入烤箱烤约 15 分钟至不粘黏的状态。
9. 取出冷却，脱模，做为甜甜圈的主体。

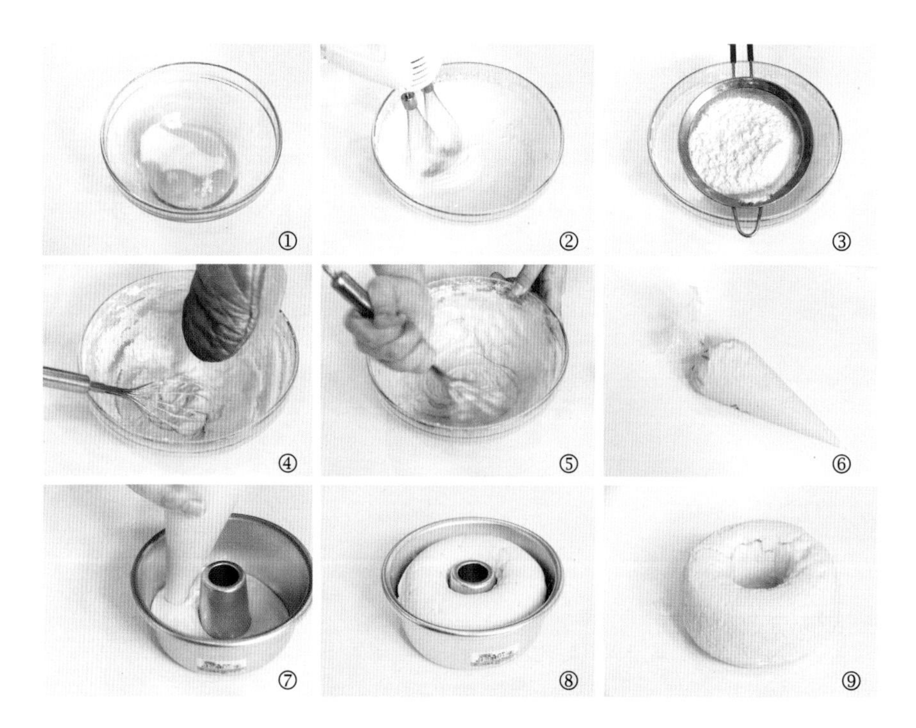

⑩ 将黑巧克力砖隔水熔化。

⑪ 淋在甜甜圈表面。

⑫ 撒上少许彩色糖粒装饰。

⑬ 用细筛网撒上糖粉装饰。

TIPS

黑巧克力砖隔水熔化时要注意温度不要超过55℃，否则会导致巧克力颜色变黑、口感变差。

长条双味面包

面包体

高筋面粉……130 克

细砂糖……15 克

速发酵母……2 克

水……65 克

鸡蛋……12 克

无盐黄油……10 克

盐……1 克

表面装饰

蛋液……适量

肉松……适量

打发的淡奶油……适量

糖粉……适量

沙拉酱……适量

上火 180℃、下火 150℃ 15 分钟

1. 准备一个大碗，将高筋面粉、速发酵母、细砂糖放进去，用打蛋器搅匀。
2. 放入水和鸡蛋，用橡皮刮刀搅匀成团。
3. 取出面团放在操作台上，用力甩打，一直重复此动作至面团光滑。
4. 在面团里包入盐和无盐黄油。
5. 继续揉至面团表面光滑。
6. 放入盆中，盖上保鲜膜松弛约 20 分钟。
7. 把面团分成两半，分别压扁，并把一侧的边缘往外推压变薄。
8. 分别卷成中间肥厚、两边圆墩的长条形。
9. 用湿布盖上发酵 50 分钟至面团呈两倍大。

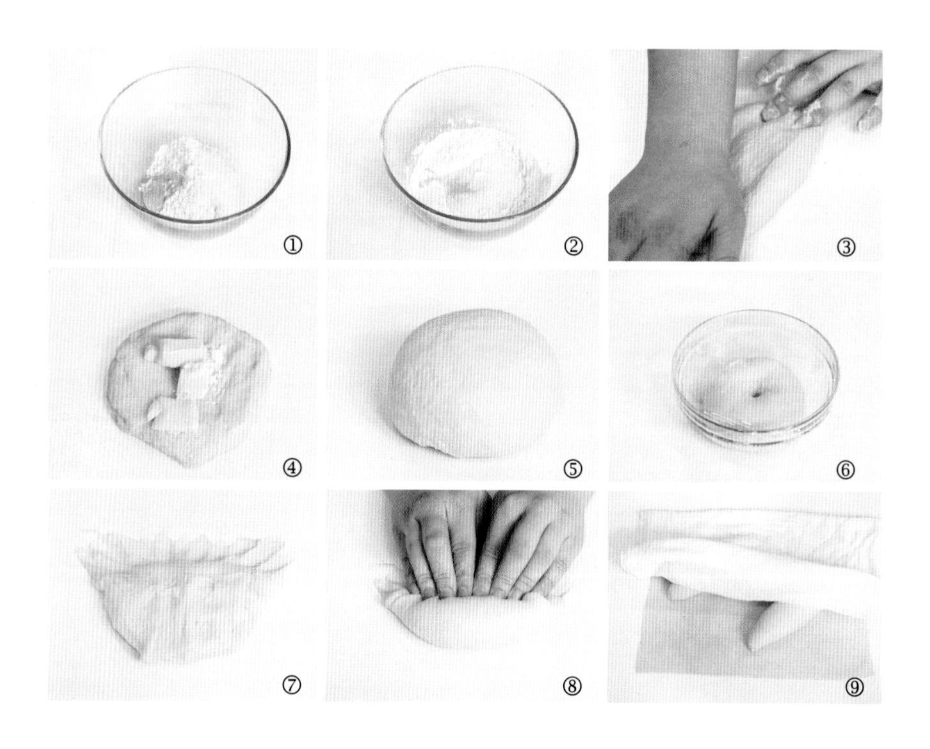

⑩ 放在铺了油布的烤盘上，表面刷上少许蛋液。
⑪ 放入预热 180℃的烤箱中烤约 15 分钟，至表面呈金黄色即可出炉。
⑫ 其中一个面包表面挤上少许沙拉酱，刷匀，粘上肉松。
⑬ 另一个面包用刀从中间切开，注意不要切断。
⑭ 挤入打发好的淡奶油，撒上少许糖粉。

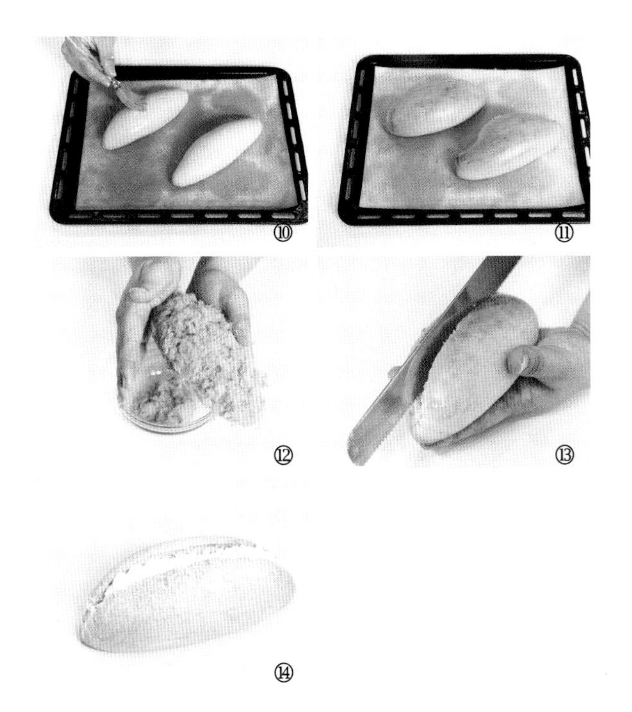

TIPS

1. 面包表面刷蛋液可以使面包烤出来的颜色金黄，更有色泽，看起来更有食欲。
2. 淡奶油可以用甜奶油代替，也可以直接在超市购买成品打发奶油。

圣诞树面包

面包体

高筋面粉……250 克
细砂糖……50 克
奶粉……7 克
速发酵母……2 克
水……125 克
鸡蛋……25 克
无盐黄油……25 克
盐……2 克

表面装饰

糖粉……适量
蛋液……适量

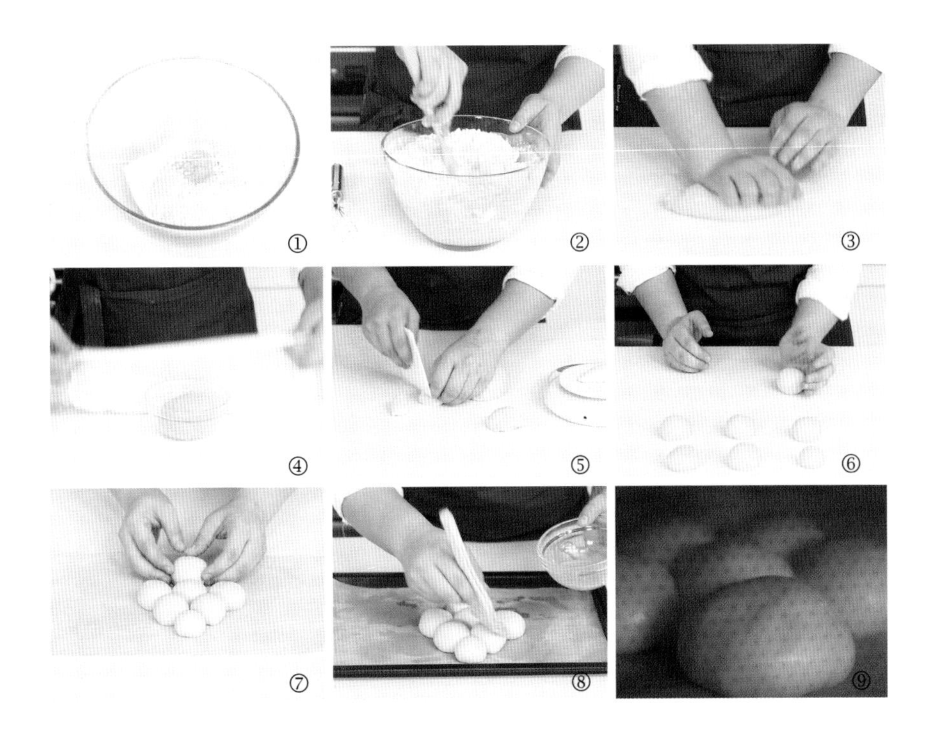

上火 190℃、下火 190℃ 16 分钟

1. 准备一个大盆，把高筋面粉倒进去，再加入细砂糖、奶粉、速发酵母，用手动打蛋器把材料拌匀。
2. 加入鸡蛋和水，用橡皮刮刀慢慢混合均匀。
3. 取出面团放在操作台上，用手将面团用力甩打，一直重复此动作至面团光滑，加入无盐黄油和盐，揉至无盐黄油和盐完全被面团吸收。
4. 用喷雾器喷上水，盖保鲜膜或湿布静置松弛 15~20 分钟。
5. 从面团中分出 1 个 50 克的面团、6 个 32 克的面团。
6. 将面团分别揉圆。
7. 准备一张油布，从剩余的面团中分出 1 个 24 克的面团作为树的顶端，放在铺了油纸的烤盘上拼接成树的形状。
8. 用喷雾器喷上水，盖上湿布发酵约 45 分钟后，在表面刷上少许蛋液。
9. 放入预热 190℃的烤箱中烤约 16 分钟，烤至表面上色即可出炉，撒上糖粉装饰。

抹茶樱花面包

面包体

高筋面粉……250 克
抹茶粉……5 克
速发酵母……4 克
细砂糖……15 克
水……85 克
牛奶……100 克
无盐黄油……18 克
盐……2 克
红豆馅……120 克

表面装饰

盐渍樱花……适量

上火 170℃、下火 160℃ 13~15 分钟

1. 准备一个大碗，放入高筋面粉。
2. 放入抹茶粉。
3. 放入速发酵母。
4. 放入细砂糖，用手动打蛋器搅拌均匀。
5. 加入牛奶和水。
6. 用橡皮刮刀拌匀成团。
7. 取出面团放在操作台上，用手将面团用力甩打，一直重复此动作至面团光滑。
8. 加入无盐黄油和盐，揉至无盐黄油和盐完全被吸收，揉圆放入碗中。
9. 用喷雾器喷上水，盖保鲜膜或湿布静置松弛 15~20 分钟。

⑩ 发酵好的面团分成六等份，揉圆；红豆馅分成六等份，搓圆。

⑪ 小面团压扁，包入一粒红豆馅，收口捏紧，揉圆。

⑫ 盖上湿布，静置发酵约50分钟，至面团呈两倍大。

⑬ 把面团放在铺了油布的烤盘上，表面放上一朵泡掉盐分的樱花，放入已预热170℃的烤箱中，烤13~15分钟，即可出炉。

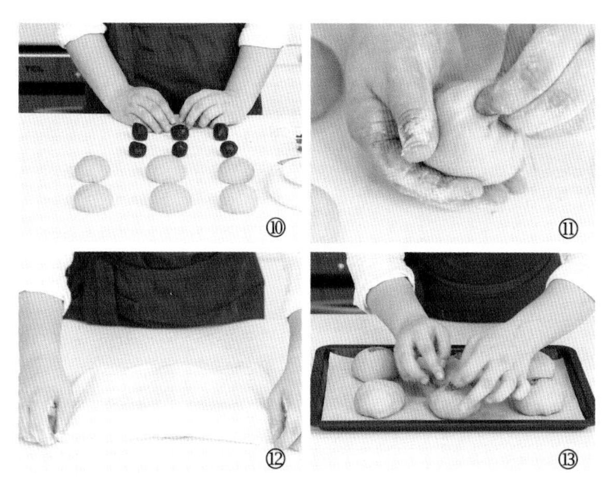

TIPS

红豆馅一定要搓圆再包入面团中，可以使烤出来的面包口感均匀，每一口都有满满的馅料哦。

西瓜造型吐司

西瓜肉面团

高筋面粉……150 克
细砂糖……10 克
速发酵母……1 克
红曲粉……10 克
水……30 克
无盐黄油……10 克
盐……1 克

原味面粉

高筋面粉……75 克
细砂糖……5 克
速发酵母……1 克
水……50 克
无盐黄油……5 克
盐……1 克

抹茶面团

高筋面粉……100 克
抹茶粉……4 克
细砂糖……8 克
速发酵母……1.5 克
水……70 克
无盐黄油……8 克
盐……2 克

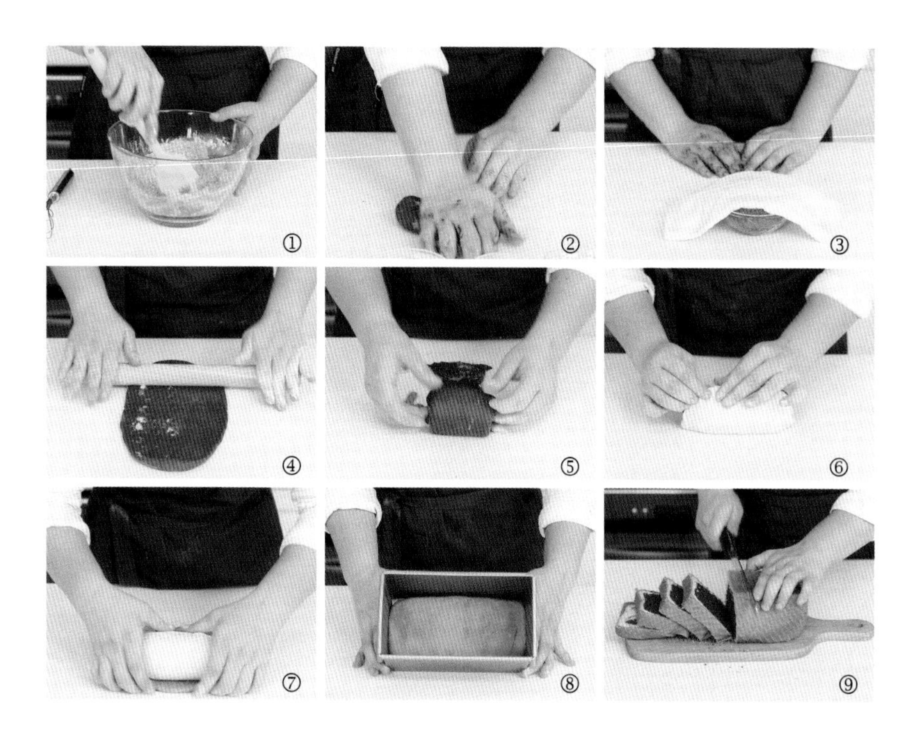

西瓜肉面团

1. 将西瓜肉面团中的材料（除无盐黄油外）放入盆中搅匀，倒入水，用橡皮刮刀拌成面团。
2. 取出放在操作台上揉成光滑的面团，加入无盐黄油继续揉至面团光滑。
3. 将面团放入大碗中，盖上湿布静置松弛约 25 分钟。

（原味面团和抹茶面团 按西瓜肉面团的揉面程序做出）

4. 把西瓜肉面团擀开成与烤模同宽的长方形。
5. 卷起呈柱状，再次擀成长条，卷起备用。
6. 原味面团擀成长方形，把西瓜肉面团包裹起来，收口捏紧。
7. 抹茶面团擀成长方形，将原味面团包裹起来，收口捏紧。
8. 放入吐司模中，面团表面喷水，盖上吐司模的盖子，静置发酵约 70 分钟至在模具中九分满。
9. 放入已预热 190℃的烤箱中烤约 38 分钟，取出冷却，切片食用即可。

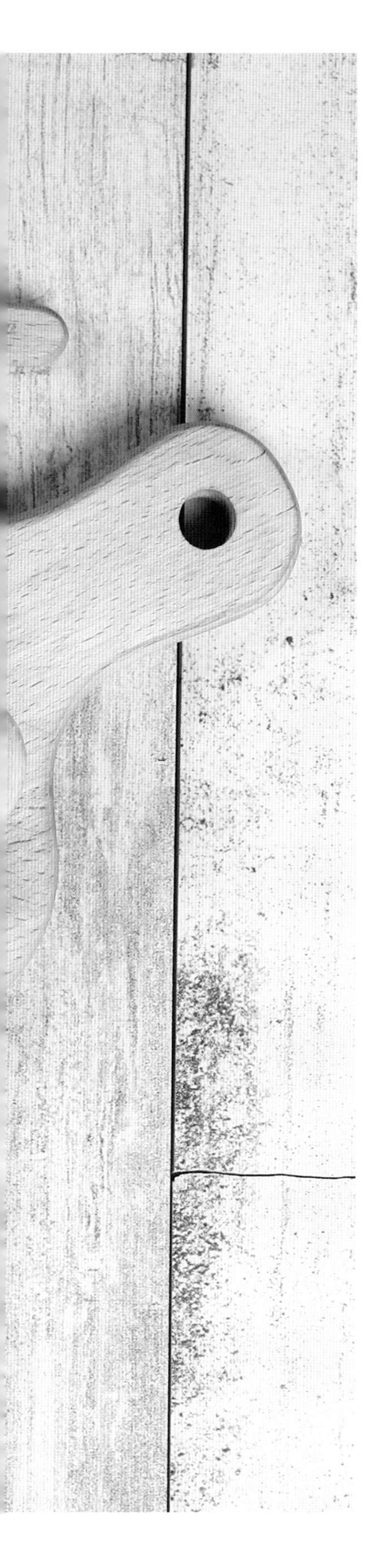

培根麦穗面包

材料

高筋面粉……125 克

细砂糖……20 克

奶粉……4 克

速发酵母……1 克

水……63 克

鸡蛋……13 克

无盐黄油……13 克

盐……1 克

培根……适量

做法

上火 180℃、下火 160℃ 18 分钟

1. 在盆中加入高筋面粉、细砂糖、奶粉、速发酵母、鸡蛋。
2. 加入水。
3. 用橡皮刮刀从盆的边缘往里混合材料，和成面团。
4. 将面团放到操作台上，揉至延展状态，加入无盐黄油和盐，继续揉成一个光滑的面团。
5. 把面团放入盆中，盖上湿布或保鲜膜松弛 15~20 分钟。
6. 将面团分成两等份。
7. 分别用擀面杖擀成长方形。
8. 两份面团分别包入培根。
9. 再分别卷成长条。

⑩ 将面团放在高温油布上，用剪刀斜剪面团，摆放成“V”字形，剪出两条麦穗的形状。

⑪ 用喷雾器喷上水，盖湿布发酵50分钟，等待发酵的同时预热烤箱200℃。

⑫ 发酵好的面团连带油布一起放在烤盘上。

⑬ 烤箱预热180℃，放入烤箱中烤约18分钟。

⑭ 出炉，凉凉即可食用。

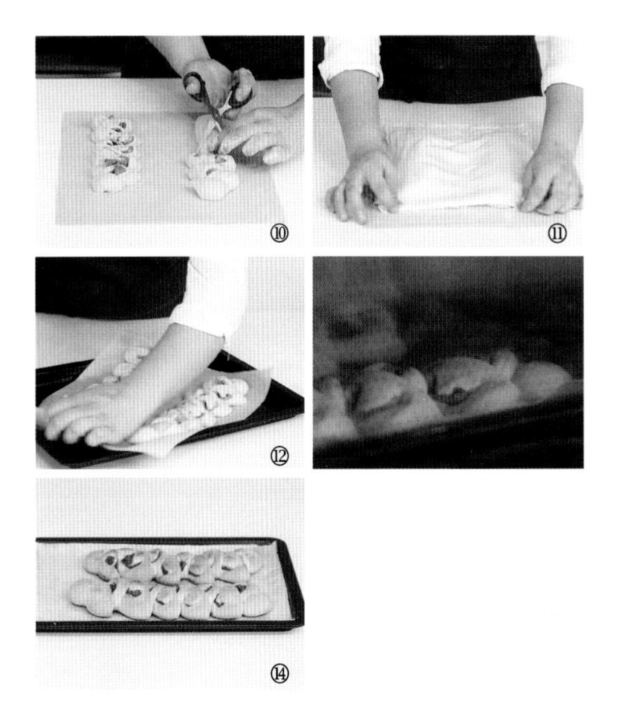

TIPS

放在油布上对面包进行整型和发酵，可以在面包入烤箱时减少破坏发酵好的面包的组织细胞。

年轮小餐包

面包体

高筋面粉……125 克

细砂糖……20 克

速发酵母……1 克

牛奶……63 克

无盐黄油……13 克

盐……1 克

表面装饰

低筋面粉……93 克

水……93 克

无盐黄油……75 克

盐……1 克

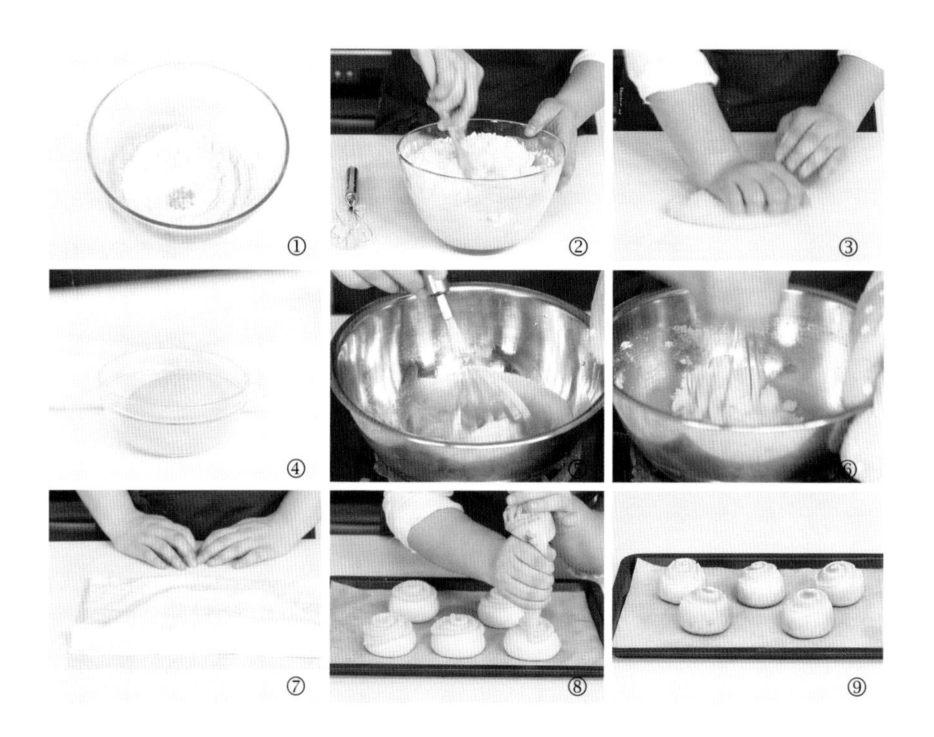

1. 在盆中加入高筋面粉、细砂糖、速发酵母、牛奶。
2. 用橡皮刮刀从盆的边缘往里混合材料，和成面团。
3. 揉至面团成延展状态，加入无盐黄油和盐，继续揉面至呈光滑的面团。
4. 把面团放入盆中，盖上湿布或保鲜膜松弛约 25 分钟。
5. 锅中倒入水、无盐黄油和盐，中火，搅拌均匀。
6. 继续煮至边缘冒小泡，转小火，加入低筋面粉迅速搅拌均匀做成泡芙酱，装入裱花袋中备用。
7. 面团分成五等份，揉圆放置在油布上，盖上湿布静置发酵 50 分钟至面团呈两倍大。
8. 把面团放在烤盘上，分别在面团表面挤上泡芙酱。
9. 放入预热 180℃的烤箱中烤约 18 分钟至表面金黄色，即可出炉。

星形沙拉面包

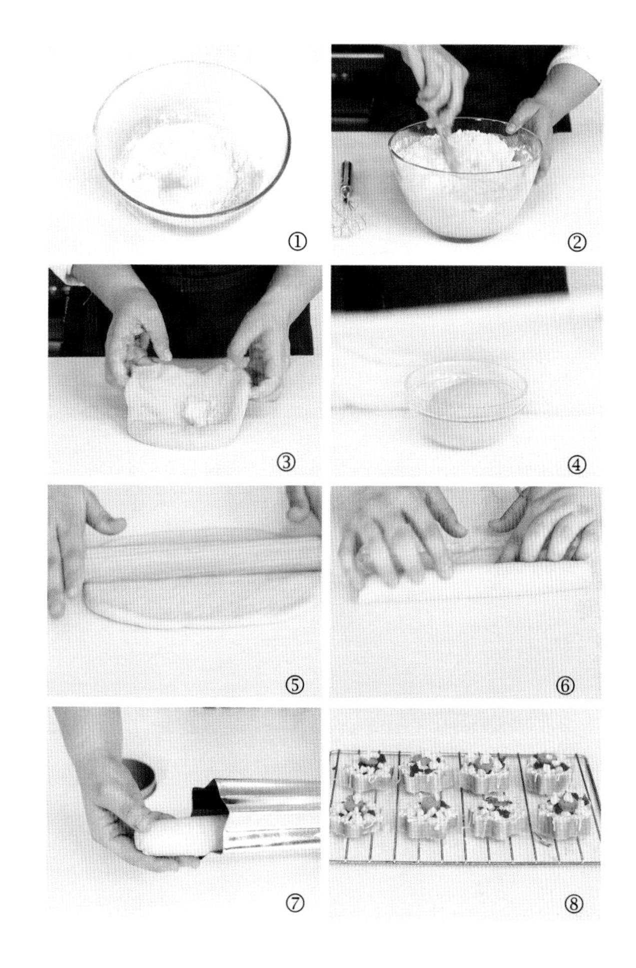

面包体

高筋面粉……130 克
速发酵母……2 克
细砂糖……20 克
牛奶……65 克
鸡蛋……15 克
无盐黄油……12 克
盐……1 克

表面装饰

马苏里拉芝士碎……适量
沙拉酱……适量
玉米粒……适量
火腿片……适量
红椒粒……适量
洋葱块……适量
香草碎……适量

工具

星形吐司模

1. 在盆中加入高筋面粉，牛奶和速发酵母混合后倒入盆中，加入细砂糖、鸡蛋。
2. 用橡皮刮刀从盆的边缘往里混合材料，拌成面团。
3. 将面团揉至延展状态，加入无盐黄油和盐，继续揉成光滑的面团。
4. 把面团放入盆中，盖上湿布或保鲜膜松弛约 20 分钟。
5. 用擀面杖把面团擀平。
6. 由上向下卷起，握紧收口。
7. 放入星形吐司模内，合上盖子做最后发酵，待面团发酵成八成满，放入预热 190℃的烤箱中，烤约 25 分钟，冷却后脱模。
8. 切片，挤上沙拉酱，放上芝士碎、火腿和蔬菜，进炉烤至芝士熔化，出炉后撒上少许香草碎。

心形巧克力面包

面包体

高筋面粉……135 克
可可粉……10 克
细砂糖……20 克
速发酵母……2 克
牛奶……65 克
炼奶……10 克
鸡蛋……15 克
无盐黄油……12 克
盐……1 克

工具

心形吐司模

上火 190℃、下火 190℃ 30 分钟

1. 在盆中加入高筋面粉、可可粉、速发酵母、细砂糖，用手动打蛋器搅匀。
2. 加入炼奶、鸡蛋、牛奶，用橡皮刮刀从盆的边缘往里混合材料，拌成面团。
3. 将面团揉至延展状态，加入无盐黄油和盐，继续揉成光滑的面团。
4. 把面团放入盆中，盖上湿布或保鲜膜松弛约 25 分钟。
5. 将面团放在操作台上擀平。
6. 由上向下卷起。
7. 握紧收口，放入已扫油的心形吐司模内。
8. 盖上盖子，静置发酵至面团在吐司模内呈八分满。
9. 将吐司模放入已预热 190℃的烤箱中烤约 25 分钟，出炉，待冷却后切片。

花形果酱面包

面包体

高筋面粉……140 克
细砂糖……15 克
奶粉……5 克
速发酵母……2 克
水……40 克
鸡蛋……10 克
蓝莓酱……35 克
无盐黄油……12 克
盐……1 克

内馅

葡萄干……适量
（温水泡软）

工具

花形吐司模

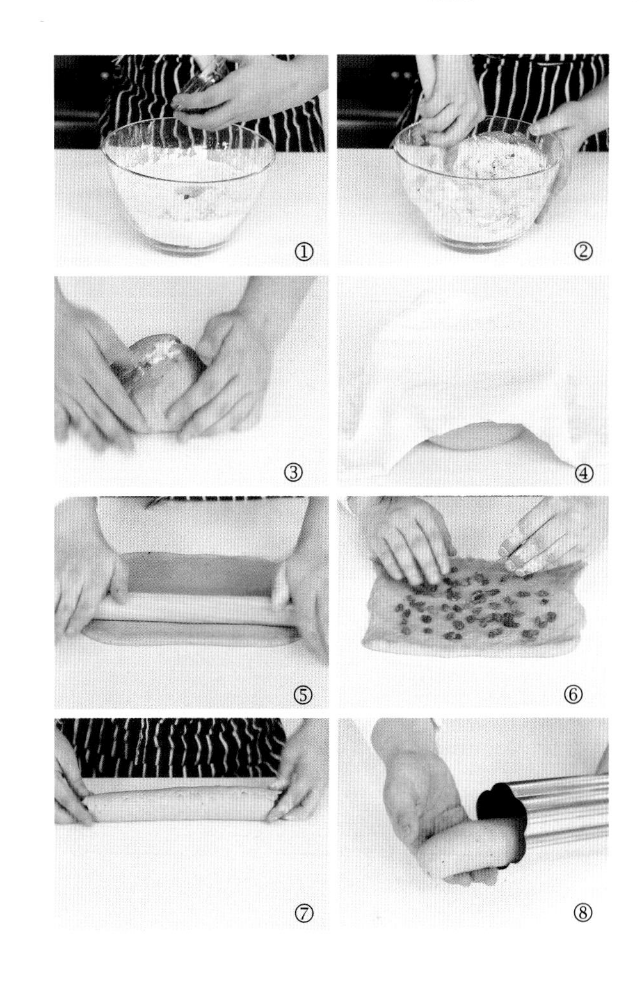

做法 上火 190℃、下火 190℃ 30 分钟

1. 在盆中加入高筋面粉、细砂糖、奶粉、速发酵母、鸡蛋、水和蓝莓酱。
2. 用橡皮刮刀从盆的边缘往里混合材料，拌成面团。
3. 将面团揉至延展状态，加入无盐黄油和盐，继续揉面团，使之成为一个光滑的面团。
4. 将面团放入盆中，盖上湿布或保鲜膜松弛约 25 分钟。
5. 用擀面杖将面团擀平。
6. 在面团表面均匀地撒上葡萄干。
7. 由上向下卷起，捏紧收口，放入已扫油的吐司模内，盖上盖子发酵约 50 分钟。
8. 待面团发酵至八成满，将模具放入已预热 190℃ 的烤箱中烤约 25 分钟，出炉冷却后脱模切片。

Part 5 异国风味篇

欧式面包很少添加糖和油，含有谷物、杂粮等富含营养的用料，老少咸宜！

迷你杯子泡芙

泡芙体

中筋面粉……120 克

无盐黄油……15 克

鸡蛋……150 克

牛奶……280 克

盐……1 克

细砂糖……10 克

芝士粉……8 克

工具

玛芬蛋糕模

1. 无盐黄油隔水熔化成液体。
2. 加入鸡蛋搅匀，加入芝士粉、盐、牛奶、细砂糖搅匀。
3. 把中筋面粉过筛分两次加入上一步骤中，搅匀。
4. 用保鲜膜包住，室温静置 30 分钟。
5. 将静置完后的泡芙液倒入玛芬蛋糕模具中至七分满。
6. 放入已预热 200℃的烤箱中，烤约 35 分钟至面团呈蓬松状、面团表面呈金黄色，出炉，或搭配西式餐点食用，或切开夹入自己喜欢的配料食用。

摩卡面包

面包体

高筋面粉……100克
细砂糖……20克
速发酵母……1克
牛奶……40克
鸡蛋……25克
无盐黄油……25克
盐……1克

内馅

无盐黄油……50克
盐……1克

表皮

低筋面粉……22克
泡打粉……1克
即溶咖啡粉……1克
糖粉……10克
鸡蛋……15克
牛奶……5克
无盐黄油……20克

上火 180℃、下火 175℃ 12~15 分钟

1. 筛好的高筋面粉、细砂糖和速发酵母倒进大碗里，用手动打蛋器搅匀。
2. 在面粉的中间挖个洞，倒入牛奶和鸡蛋。
3. 用橡皮刮刀搅拌成团。
4. 抓住面团的一角，将面团朝桌子上用力甩打，然后对折再转 90° 甩至桌面，重复此动作至面团光滑即可。
5. 把无盐黄油和盐放入面团中，包起来继续揉 5 分钟至面团光滑。
6. 用双手的掌缘轻轻转动面团，使面团成为一个圆球，再放入碗中。
7. 盖上保鲜膜，松弛约 25 分钟。

内馅：

8. 利用面团松弛的时间，将内馅用的无盐黄油和盐倒入碗中，用打蛋器搅拌 30 秒。
9. 将搅拌均匀的内馅装进裱花袋中，把裱花袋的尖端剪去 1.5 厘米。

⑩ 将表皮用的无盐黄油装进碗里，用电动打蛋器搅拌 20 秒，再加入剩余的材料，搅拌 30 秒做成表皮糊，装进裱花袋中，裱花袋尖端剪去 0.5 毫米。

⑪ 把松弛好的面团放到操作台上，用刮板分成两等份，用手将面团揉圆。

⑫ 把面团压扁，挤入内馅，收口捏紧，搓圆。

⑬ 放在铺好油纸的烤盘上，发酵 45~50 分钟，至两倍大后，把表皮面糊以螺旋状挤在面包顶部。

⑭ 放入预热 200℃的烤箱烤 12~15 分钟，出炉即可。

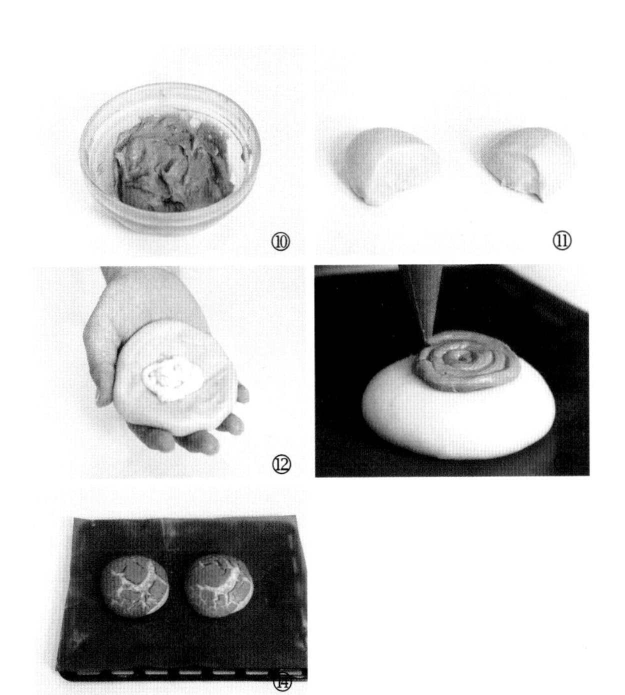

TIPS

1. 步骤 ⑩ 中的剪裱花袋的口应该剪 0.5 毫米左右，剪得过多或者过少都会影响面包表面烤出来的状态哦。

2. 内馅可以用黄油，也可以用芝士酱，味道也会很浓郁。

3. 此款面包适合搭配牛奶作为早餐食用，营养和香味都是满分。

普雷结

面包体

高筋面粉……100 克

细砂糖……5 克

速发酵母……2 克

水……60 克

无盐黄油……7 克

盐……2 克

表面装饰

砂糖……8 克

肉桂粉……3 克

杏仁片……15 克

苏打粉……2 克

热水……少许

上火 190℃、下火 175℃ 10~12 分钟

❶ 筛好的高筋面粉和细砂糖、速发酵母倒进大碗里，用手动打蛋器搅匀。

❷ 中间挖洞，加入水，用橡皮刮刀搅拌成团，再用洗衣服的手势用力揉面 2 分钟。

❸ 抓住面团的一角，将面团朝桌子上用力甩打，然后对折再转 90° 甩至桌面，重复此动作至面团光滑即可。

❹ 加入无盐黄油和盐，继续揉 5 分钟。

❺ 把面团揉圆，放入盆中，盖上保鲜膜松弛约 20 分钟。

❻ 把松弛好的面团分成两等份。

❼ 把面团分别揉圆。

❽ 用擀面杖擀开成椭圆形。

❾ 用手掌将面团搓成长条，越往两端越细。

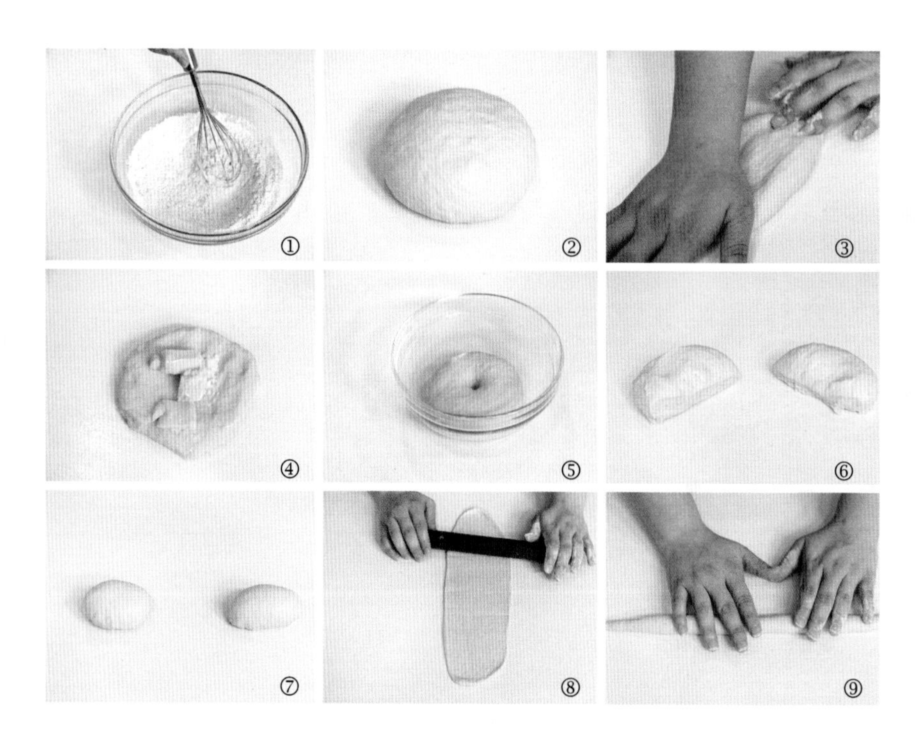

⑩ 面团交叉两次，卷起。

⑪ 烤盘放上油布，将面团放在油布上，盖上湿布发酵约 30 分钟，至面团呈两倍大。

⑫ 热水混入苏打粉后用汤匙勺淋在面团上，再稍微倾斜烤盘，让水流出。

⑬ 撒上砂糖、肉桂粉，摆上杏仁片。

⑭ 烤箱上火 190℃、下火 175℃，烤 10~12 分钟。

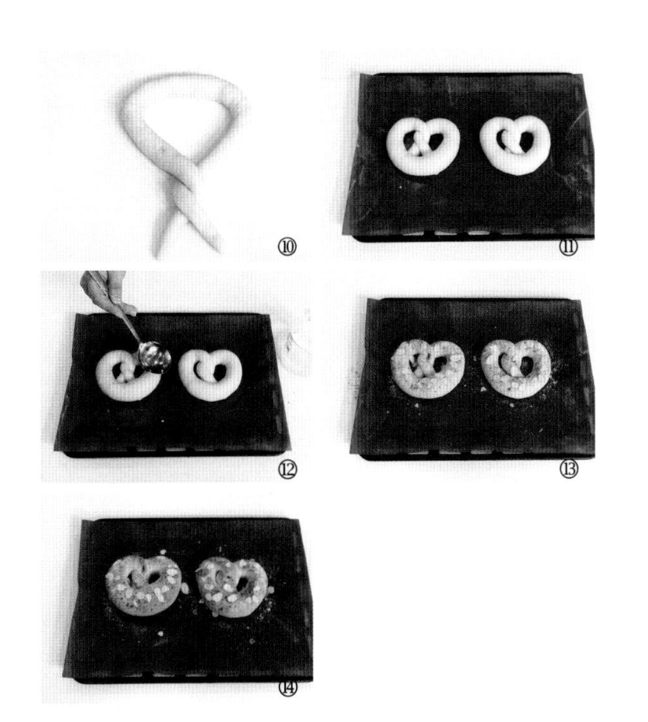

TIPS

1. 苏打粉加热水淋在面团表面可以使面包更有嚼劲。
2. 此款面包又叫德国结，最初是意大利修道士发明的点心，用来奖励学会祈祷的孩子，德语译为“小奖品”，这个面包的形状就是祈祷的手势。

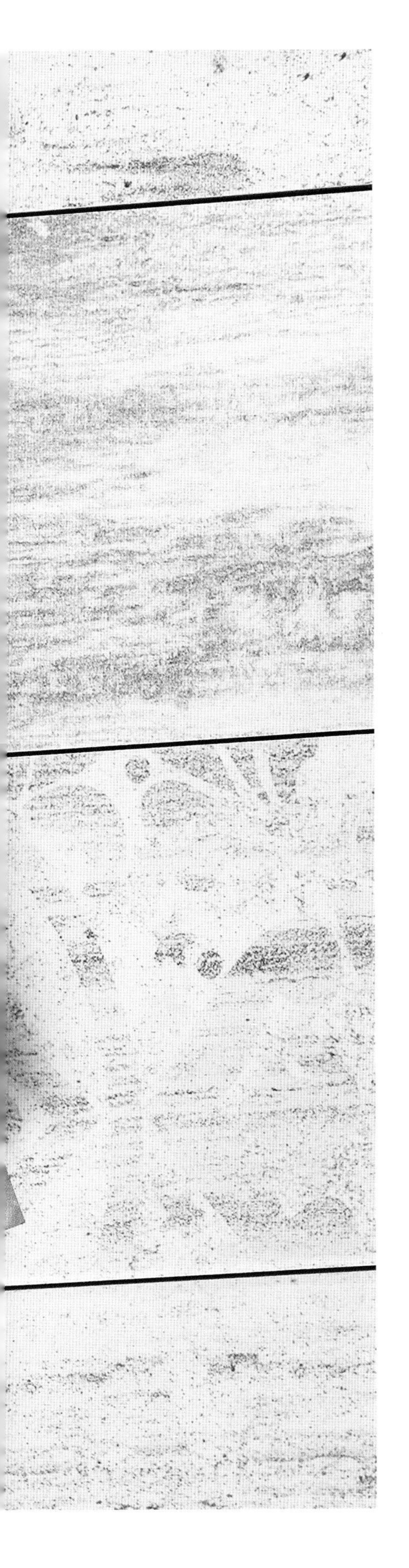

全麦叶形面包

面包体

高筋面粉……125 克

低筋面粉……25 克

全麦粉……100 克

速发酵母……4 克

水……150 克

蜂蜜……10 克

无盐黄油……10 克

盐……1 克

表面装饰

高筋面粉……适量

上火 190、下火 190℃  18 分钟

❶ 把将高筋面粉、低筋面粉过筛放入大碗里。

❷ 加入全麦粉。

❸ 加入速发酵母。

❹ 用手动打蛋器搅匀。

❺ 加入水、蜂蜜，用橡皮刮刀搅拌成团。

❻ 将面团取出放在操作台上，用力甩打，一直重复此动作到面团光滑，包入盐和无盐黄油。

❼ 继续揉至面团光滑，揉成圆形，放入盆中，包上保鲜膜松弛约 25 分钟。

❽ 松弛好的面团分成两等份，分别擀成长圆形，卷起成橄榄形。

❾ 将橄榄形面团放在油布上，盖上湿布发酵约 45 分钟。

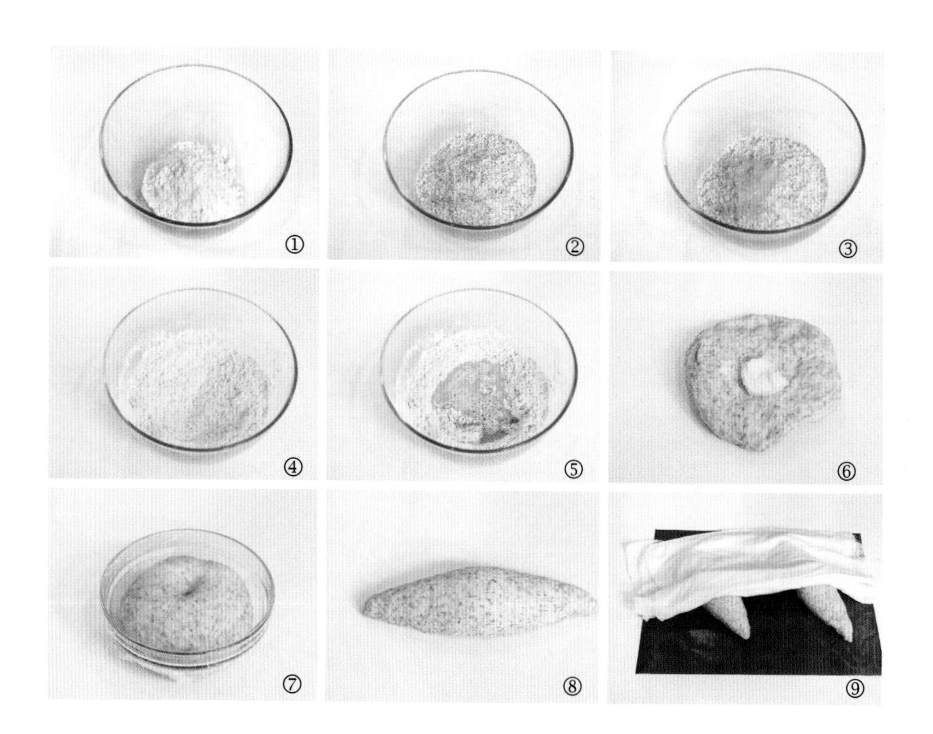

⑩ 发酵好的面团连带油布一起放在烤盘上。

⑪ 用细筛网撒上高筋面粉。

⑫ 用小刀划出叶子的纹路。

⑬ 放入已预热 200℃的烤箱中，烤约 18 分钟。

TIPS

1. 划面团要选择锋利的小刀或刀片，并且划的时候要迅速，一次带过。

2. 在划面团的时候会出现面团泄气变扁的现象，不用担心，不会对面包成品造成大的影响。

3. 如果你喜欢甜食，也可以把撒在表面装饰的高筋面粉换成糖粉。

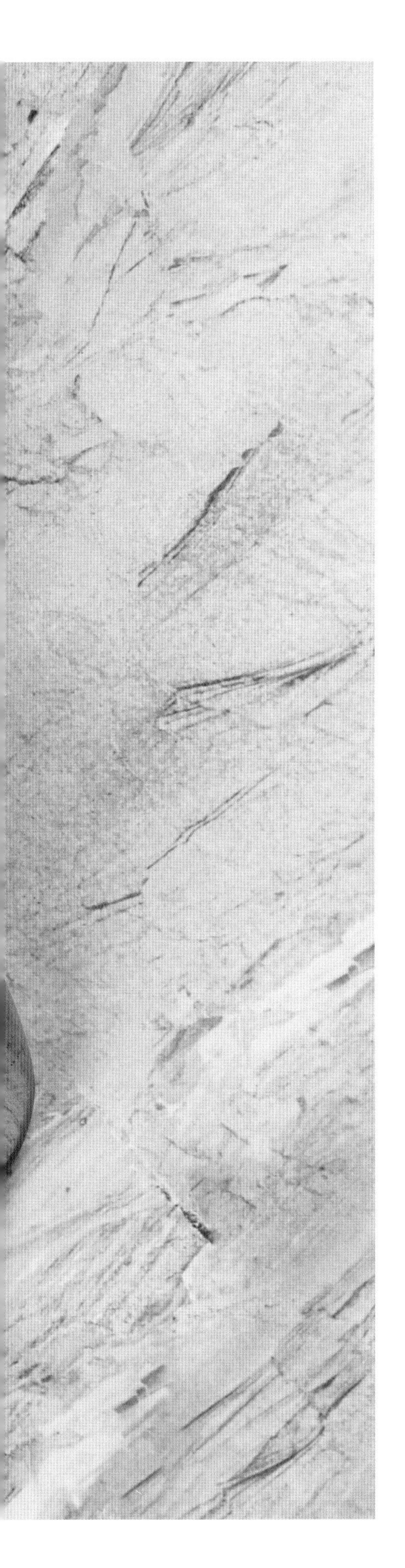

拖鞋沙拉面包

面包体

高筋面粉……225 克

细砂糖……10 克

速发酵母……2 克

水……200 克

橄榄油……35 克

盐……2 克

无盐黄油……适量

内馅

拌好的蔬菜沙拉……适量

上火 190℃、下火 175℃  20 分钟

❶ 准备一个大碗，加入高筋面粉。

❷ 加入细砂糖和 1 克的盐。

❸ 加入速发酵母。

❹ 用手动打蛋器拌匀。

❺ 加入水和橄榄油。

❻ 用橡皮刮刀拌匀成团，将面团取出放在操作台上，用力甩打，一直重复此动作到面团光滑，包入 1 克的盐和无盐黄油。

❼ 用手将面团揉圆。

❽ 放入碗中，包上保鲜膜松弛 15~20 分钟。

❾ 把面团分成三等份，取其中一个面团用擀面杖擀开成椭圆形。

⑩ 其余面团也擀成椭圆形，放置在烤盘上，静置发酵约 45 分钟，至面团呈两倍大。

⑪ 烤箱预热上火 190℃、下火 175℃，烤约 20 分钟，至表面上色，即可出炉。

⑫ 把全麦面包剪出拖鞋的样子，塞入少许拌好的蔬菜沙拉。

TIPS

剪出来的剩余面包也可以搭配牛奶、果酱或炼奶食用，也是很美味的呢。

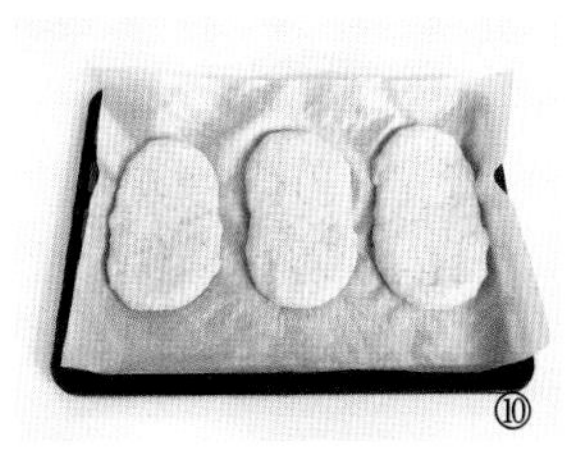

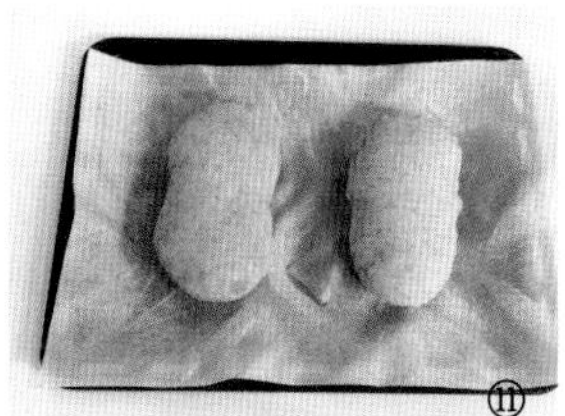

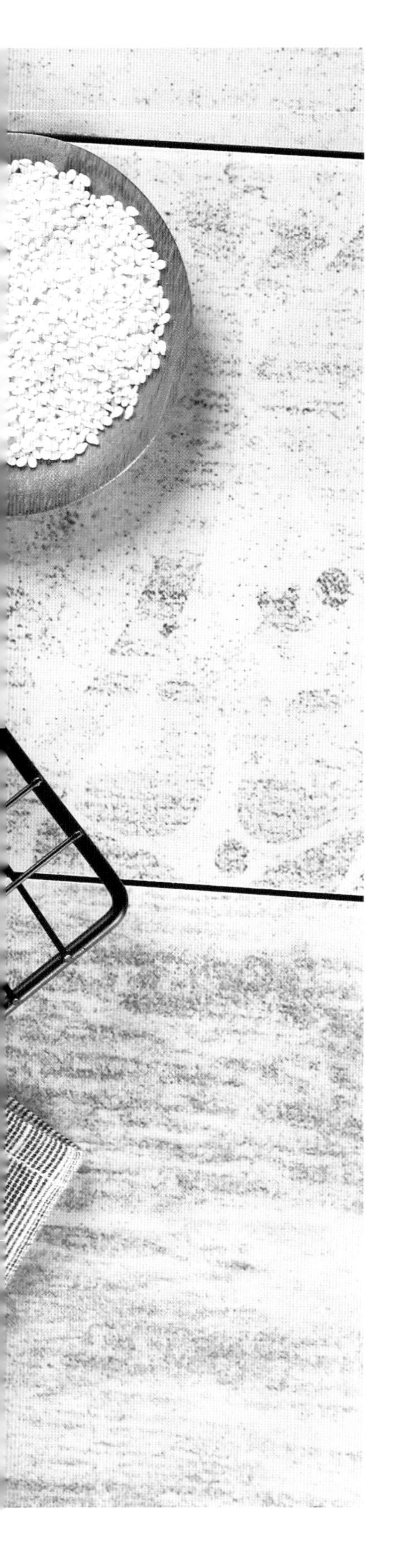

意大利全麦面包棒

面包体

高筋面粉……50 克

全麦面粉……15 克

细砂糖……1 克

速发酵母……2 克

水……33 克

橄榄油……8 克

盐……1 克

表面装饰

芝士粉……适量

椒盐……适量

白芝麻……适量

1. 将筛好的高筋面粉、全麦面粉和细砂糖、盐、速发酵母一起倒入大碗里，用手动打蛋器搅匀。
2. 在面粉的中间挖洞，倒入水。
3. 倒入橄榄油，用橡皮刮刀搅拌成团。
4. 用手揉搓面团两分钟至不粘手状态。
5. 用手掌轻轻转动面团，将面团收成一个圆球。
6. 将面团放入碗中，包上保鲜膜松弛约 25 分钟。
7. 将面团放在操作台上，分割成几个合适大小的小面团，揉圆。
8. 用喷雾器喷上水，盖上湿布，至面团膨胀为两倍大。
9. 用擀面杖将面团擀成椭圆形。

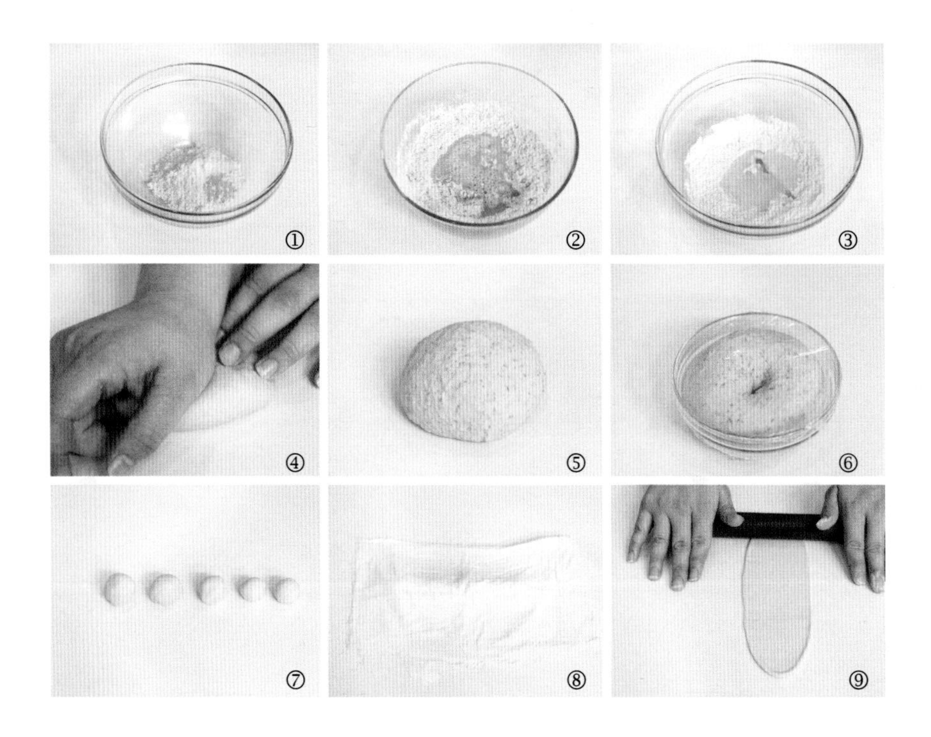

⑩ 将面团卷成长条状。

⑪ 放在铺了油布的烤盘上。

⑫ 撒上芝士粉、椒盐和白芝麻。

⑬ 放入预热 180℃的烤箱中烤 20 分钟。

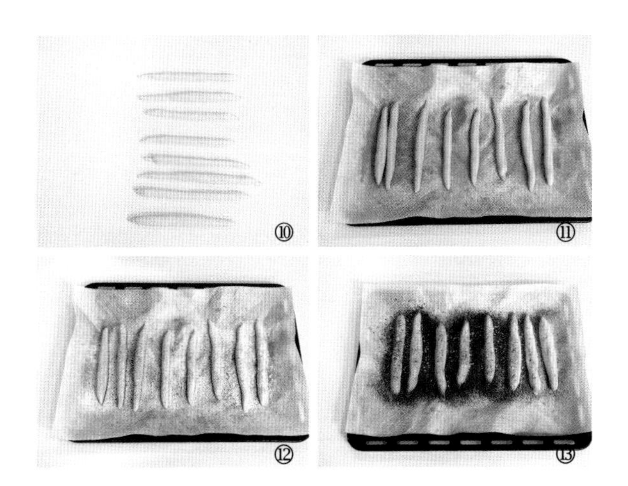

TIPS

将面团擀成长条形的时候可以根据自己的喜好决定粗细、长短，但每个面团要大小一致哦，否则烤出来的面包会不均匀。

意大利面包和法式面包有什么区别?

法式面包为大家所常见的是法国长棍面包（baguette），即法棍，这种面包是用面粉、速发酵母、盐、糖和奶粉做成的，烤出来的面包表皮松脆，里面非常香软，是法国家庭常吃的一种面包。

意大利面包的品种繁多，一般常常会使用橄榄油和迷迭香做材料，烤出来的面包带有迷迭香的芬芳，喜欢这种香料的朋友千万不要错过啊。

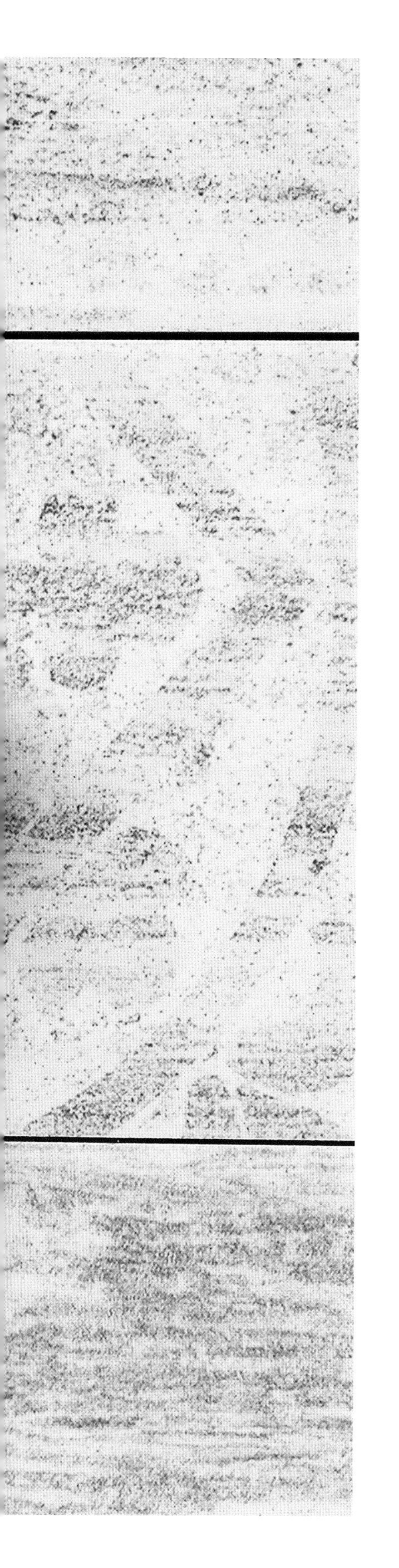

红豆面包

面包体

高筋面粉……88 克

低筋面粉……37 克

细砂糖……20 克

速发酵母……2 克

水……40 克

牛奶……10 克

鸡蛋……50 克

无盐黄油……15 克

盐……1 克

内馅

豆沙馅……80 克

表面装饰

罐头红豆……适量

蛋液……少许

 上火 170、下火 150℃  12~15 分钟

❶ 筛好的高筋面粉、低筋面粉放入大碗中。

❷ 加入细砂糖、速发酵母。

❸ 用手动打蛋器搅拌均匀后，加入水。

❹ 面粉的中间挖洞，加入牛奶和鸡蛋，用橡皮刮刀搅拌成团。

❺ 将面团取出放在操作台上，用力甩打，一直重复此动作到面团光滑。

❻ 加入无盐黄油和盐，包起来继续揉至面团充分吸收无盐黄油和盐。

❼ 把面团揉成一个圆球，放入盆中，包上保鲜膜松弛约 25 分钟。

❽ 将松弛好的面团用刮板分成四等份。

❾ 用手将面团搓圆。

⑩ 将面团压扁，中间放上豆沙馅，收口捏紧，搓圆。

⑪ 放在油布上，盖上湿布发酵 45 分钟至面团呈两倍大。发酵完后，用筷子在顶部轻压。

⑫ 刷上少许蛋液。

⑬ 烤箱预热上火 170℃、下火 150℃，烤 12~15 分钟，烤好后放上少许红豆粒装饰。

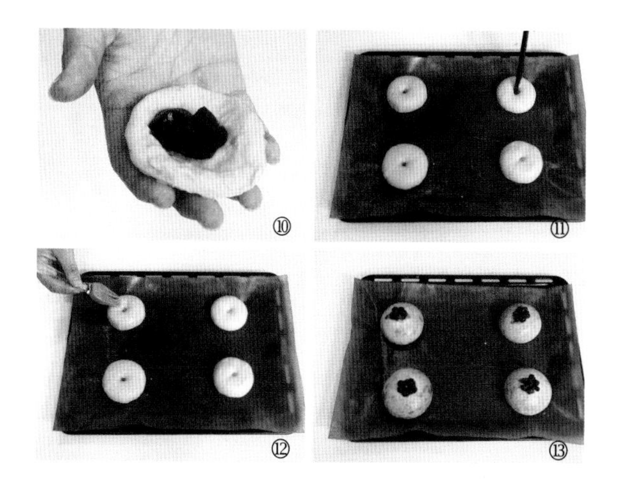

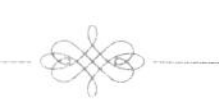

TIPS

1. 在面团表面戳洞可以方便放上红豆粒，既可起装饰作用，又可增加口感。

2. 面团分割成小面团时可以分割成自己喜欢的大小，注意烤箱的烘烤温度要随着面包形状的大小来进行调整。

ecoming
ainence
ngs for
and
table tennis
the whol
known

菠萝面包

面包体

高筋面粉……100 克

低筋面粉……25 克

细砂糖……15 克

速发酵母……2 克

水……20 克

牛奶……25 克

鸡蛋……25 克

无盐黄油……15 克

盐……2 克

表皮

酥皮……3 张

蛋黄……1 个

1. 准备一个大碗，将筛好的高筋面粉和低筋面粉放进去。
2. 放入速发酵母。
3. 放入细砂糖。
4. 用手动打蛋器把加入的所有材料搅拌均匀。
5. 面粉中间挖空，倒入水。
6. 放入牛奶和鸡蛋，用橡皮刮刀搅匀成团。
7. 取出放在操作台上，用力甩打，一直重复此动作到面团光滑，包入盐和无盐黄油。
8. 继续揉面团，至面团光滑。
9. 揉圆成团，放入盆中盖上保鲜膜松弛 15~25 分钟。

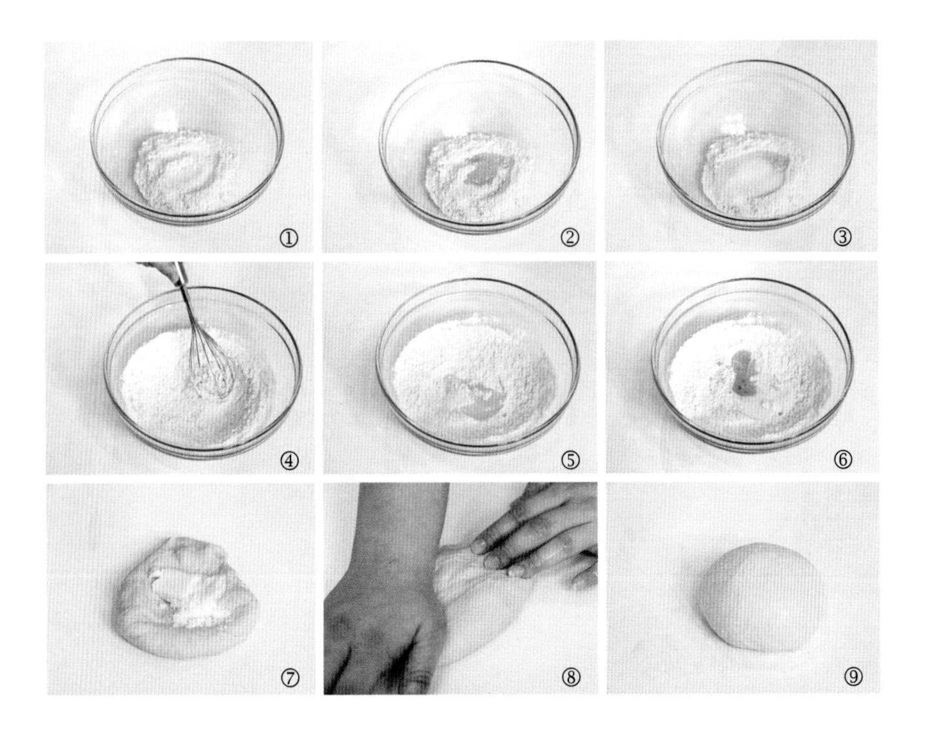

⑩ 将面团取出，分成三等份，揉圆。

⑪ 面包表面包上酥皮，用小刀割出网状，静置发酵约 40 分钟，至面团呈两倍大。

⑫ 用毛刷在面团表面刷上少许蛋黄液。

⑬ 放入已预热 200℃的烤箱中层，烤约 12 分钟，至表面金黄色。

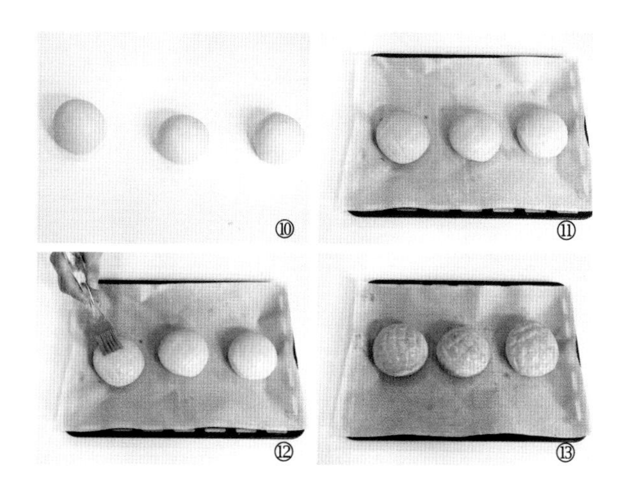

TIPS

此处的菠萝皮使用的是现成的酥皮，当然如果你和我一样爱吃酥皮的话，可以在面包上多加一层酥皮哦！